水利工程安全警戒区划定与水行政管理

陈玉军　张加雪　刘建龙◎编著

河海大学出版社
HOHAI UNIVERSITY PRESS
·南京·

图书在版编目(CIP)数据

水利工程安全警戒区划定与水行政管理 / 陈玉军，张加雪，刘建龙编著. -- 南京：河海大学出版社，2022.12

ISBN 978-7-5630-7881-3

Ⅰ. ①水… Ⅱ. ①陈… ②张… ③刘… Ⅲ. ①水利工程—安全管理—中国②水资源管理—行政管理—中国 Ⅳ. ①TV513②TV213.4

中国版本图书馆 CIP 数据核字(2022)第 239322 号

书　　名	水利工程安全警戒区划定与水行政管理
书　　号	ISBN 978-7-5630-7881-3
责任编辑	周　贤
责任校对	金　怡
封面设计	徐娟娟
出版发行	河海大学出版社
地　　址	南京市西康路 1 号(邮编:210098)
电　　话	(025)83737852(总编室)　(025)83722833(营销部)
经　　销	江苏省新华发行集团有限公司
排　　版	南京布克文化发展有限公司
印　　刷	江苏凤凰数码印务有限公司
开　　本	718 毫米×1000 毫米　1/16
印　　张	14.5
字　　数	245 千字
版　　次	2022 年 12 月第 1 版
印　　次	2022 年 12 月第 1 次印刷
定　　价	71.00 元

《水利工程安全警戒区划定与水行政管理》

编　著　陈玉军　张加雪　刘建龙

参　编　王　磊　顾　昊　孙　锋　许如一

　　　　　冯　俊　王　强　闵克祥　傅　捷　赵庆华

　　　　　薛海朋　董永明　倪　镔　谢昌原　房晓玲

　　　　　陈书宁　王翘楚　高　璐　莫　然　雷　威

　　　　　刘建华　薛　铮　张红艳　朱晓冬　曹　猛

　　　　　韦晓蕾　沈　健　戴　蓉　刘师李　魏　宇

　　　　　赵　君

目录 ‖
Contents

第一章
绪 论

1.1 背景

1.1.1 自然条件

江苏省地处我国沿海地区中部,东濒黄海,北接山东省,西连安徽省,东南与上海市、浙江省接壤,是长江三角洲地区的重要组成部分。地跨北纬 $30°45'\sim35°08'$,东经 $116°21'\sim121°56'$。江苏省滨江临海,土地面积 10.72 万 km^2,境内地势平坦、平原辽阔、水网密布、湖泊众多、海陆相邻。全省平原面积约占总面积的 86.90%,丘陵山地约占 11.54%,河湖水域约占 16.9%,素有"水乡"之称。江苏省位于长江、淮河下游,承泄上游 200 多万 km^2 汇水面积的洪水过境入海,80% 以上的地区处于设计洪水位以下,是著名的流域洪水"走廊"。江苏省又处南北气候过渡带,气候具有明显的季风特征,降雨时空分布不均,年降雨量南多北少,汛期降雨约占全年降雨的 60%~70%。此外,江苏省多年平均本地水资源量 321.6 亿 m^3,多年平均过境水量 9 492 亿 m^3,其中长江径流占 95% 以上。受时空分布不均影响,本地径流可利用量较小,蓄水条件差,地区间差异较大。特殊的地理位置和气候条件,决定了全省防洪、排涝、防台、防潮以及引水、长距离调水任务十分艰巨。

1.1.2 水系概况

江苏省分属长江、淮河两大流域,从仪六丘陵经江都、(老)通扬运河到如泰运河可算作江淮分水岭。全省河流众多,共有流域面积为 50 km^2 及以上的河流1 495条,其中跨省河流有 117 条,省内总长度为 4 万多千米。全省乡级以上河流共 2 万多条,其中骨干河道 727 条,包括流域性河道 32 条,区域性骨干河道 124 条,重要跨县河道 199 条,重要县域河道 372 条。面积 50 km² 以上的湖泊12 个,面积超过 1 000 km² 的是太湖、洪泽湖,分别为全国第三、第四大淡水湖(图 1.1)。

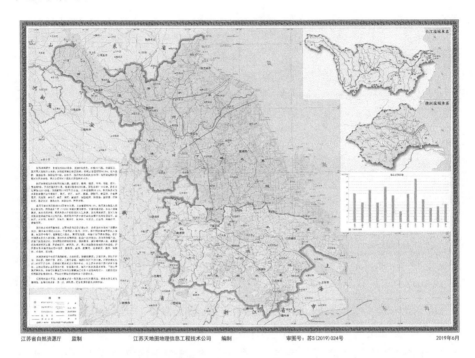

江苏省自然资源厅　监制　　　江苏天地图地理信息工程技术公司　编制　　　审图号:苏S(2019)024号　　　2019年6月

图 1.1　江苏省水系图

1. 淮河流域主要包括淮河水系和沂沭泗水系

淮河水系在江苏省境内流域面积为 3.87 万 km²,涉及淮安、宿迁、扬州、泰州、盐城、南通 6 市。包括洪泽湖上游入湖水系、洪泽湖下游水系、里下河腹部水系、滨海垦区水系、废黄河水系。

淮河入江水道——淮河下游的干流,上起洪泽湖三河闸,经淮安、扬州两市 10 县(市、区)及安徽省天长市,到廖家沟至三江营汇入长江,全长 157 km。

分淮入沂水道——自洪泽湖边的二河闸起,至沭阳西关与新沂河交汇,全长 98 km。它是洪泽湖洪水的出路之一,亦是淮河与沂沭泗流域相互调度、综合利用的一项多功能工程。

淮河入海水道——西起洪泽湖东侧二河闸,沿苏北灌溉总渠北侧与总渠平行呈二河三堤,东至扁担港入黄海,横穿江苏省淮安、盐城两市的 4 个县、区及省淮海农场,全长 163 km。其主要作用是应对淮河大洪水,与淮河入江水道、灌溉总渠、分淮入沂等工程共同分泄洪泽湖洪水,并兼顾渠北地区 1 710 km² 的排涝。

苏北灌溉总渠——西起洪泽湖高良涧闸,东至扁担港入黄海,全长 168 km,是以引洪泽湖水灌溉为主,结合防洪、排涝、航运、发电的综合利用河道。1951 年,针对洪泽湖以东严重的旱涝灾害,确定开挖一条从洪泽湖至黄海之滨,以灌溉为主结合排涝的干渠。1952 年建成后,在洪泽湖水量不缺的情况下,苏北可保持并发展农田灌溉 167 万 hm²。

沂沭泗水系位于废黄河以北,南接淮河下游水系,北以沂蒙山脉与黄河流域分界,江苏省境内流域面积为 2.44 万 km²,涉及徐州、宿迁、连云港、盐城、淮安等市。内部水系包括沂河水系、沭河水系、中运河水系、微山湖西水系、沂南水系、沂北水系、沭北水系。

沂河——原名"沂水",发源于山东省沂源县,全长 333 km。沂河原在古邳入泗水,受黄河夺泗夺淮影响,在马陵山西侧阻滞成骆马湖。中华人民共和国成立后,开挖了新沂河,洪水主流就经新沂河入海。《论语》中"浴乎沂,风乎舞雩,咏而归"中的"沂"便是沂河。

沭河——原名"沭水"。原为直接入淮河的支流,经黄河夺泗、河道演变和历代治理,今沭河自沂山南麓入新沂河,全长 300 km。

新沂河——新沂河起点骆马湖嶂山闸,讫点灌云县燕尾港镇南,与灌河汇合后并港出海,河道总长 146 km。新沂河是在沂河下游开辟的一条人工河道,故名新沂河。具有防洪、灌溉、治理盐碱等功能。它的开辟是为了还沂河一条入海的通道。

新沭河——沭河下游新辟分泄沂河、沭河洪水的河道。位于山东省临沭县与江苏省连云港市境内,西起大官庄枢纽新沭河泄洪闸,东至临洪口入海,全长 80 km,其中在江苏省境内有 53 km。

邳苍分洪道——其为中运河左岸支流,是人工开辟的水道。地跨山东、江苏两省,东北方向上起自山东省郯城县江风口分洪闸,西南在大谢湖注入中运河,在江苏省境内有 34 km,除分泄沂河洪水外,还承泄邳苍北部山区诸河来水。

2. 长江流域包括长江干流水系和太湖水系

长江干流水系包括长江干流,秦淮河水系,苏北沿江水系,固城湖、石臼湖等下游水系。

长江——江苏省境内长江干流总长 433 km,涉及南京、镇江、扬州、常州、泰州、无锡、苏州、南通 8 市。流域面积 1.92 万 km²(不含太湖水系),目前已建成长江港洲堤防 1 548 km。江苏省镇江、扬州一带的长江,古称扬子江,因扬州市南面有一通往镇江市的扬子津渡口而得名。清朝末年,长江门户在帝国主义的炮舰政策下被迫开放,外国船只由吴淞口上溯航行,首经扬子江,外国人便把它作为长江的代称。

滁河——古称涂水。滁河发源于安徽省合肥市肥东县,主要流经滁州及南京江北。江苏省境内全长 116 km,于上游陈浅处流入南京市浦口、六合两区,向东经大河口入长江。滁河既是苏皖两省的界河,也有老山、金牛山等旅游景观。

水阳江——古名青水、冷水、句溪,地跨安徽省、江苏省。源于天目山山脉北麓,干流全长 273 km。高淳河段自水碧桥入境,至费家嘴西北与运粮河合流。江苏省境内全长 31 km。该河主要承担南京市高淳区西南地区涝水以及上游河道的防洪任务,具有泄洪、航运、灌溉等综合效益。流域内有中国重要湿地——石臼湖湿地。

秦淮河——古名龙藏浦、淮水,位于江苏省南京、镇江。秦淮河有南、北两源。北源称句容河,南源主源为溧水河,句容河和溧水河在江宁区汇合始称秦淮河。其流域涉及南京、镇江的 11 个县(市、区)。江苏省境内全长 52 km。

太湖水系江苏省境内面积为 1.94 万 km²,涉及苏州、无锡、常州、镇江 4 个市。

太浦河——太湖流域最大的人工河道之一。西起太湖东岸东菱嘴,经江苏、浙江两省,至上海入西泖河,是太湖水入黄浦江的最大通道,故名太浦河。总长 57.6 km,江苏省境内长 41 km。两岸为河网平原,湖泊棋布、村庄繁密,农田与鱼塘相间,盛产稻米、鱼虾。

江南运河——京杭运河长江以南段,穿越太湖流域腹地及下游诸水系,起着水量调节和承转作用,也是流域内一条重要的国家级水运主通道。北起镇江,南至杭州,江苏省境内全长 212 km。

水利分区,又称水利区划,是以水资源的开发利用为主,考虑自然条件的相似性,并照顾流域界限与行政界线而进行的划片分区。江苏省共分成 17 个水利分区,包括南四湖湖西区,骆马湖以上中运河两岸区,沂北区,沂南区,废黄河区,洪泽湖周边及以上区,渠北区,白马湖、高宝湖区,里下河区,苏北沿江区,滁河区,石臼湖固城湖区,秦淮河区,太湖湖西区,武澄锡虞区,阳澄淀泖区,浦南区。

1.1.3　水利工程概况

江苏省现有注册登记水库 952 座,水库总集水面积 2.09 万 km^2,约占全省面积的 20%,总库容 35.20 亿 m^3,设计灌溉面积 36.8 万 hm^2,有效灌溉面积 27.1 万 hm^2,年供水量 4.8 亿 m^3。全省共有泵站 98 779 座,总装机功率 401.48 万 kW,其中大型泵站 61 处(71 座),总装机功率 40.11 万 kW。全省现有 5 级以上堤防 51 118 km,其中 1 级、2 级堤防总长 5 426 km,主要是流域性河道、湖泊堤防以及海堤。全省过闸流量 1 m^3/s 及以上水闸共 36 212 座,橡胶坝 51 座,其中省管水闸 112 座,是江苏省水利工程体系中重要控制性建筑物。

1. 省管水利工程总体情况

江苏省省管水利工程是我省长江、淮河两大流域防洪工程体系和江水北调、江水东引北送、引江济太三大调水体系中流域性重点骨干控制工程,在我省水安全保障、水资源供给、水环境改善和生态文明建设中发挥着基础性、关键性、决定性作用,有力地支持和保障着全省经济社会的持续健康发展。省管水利工程现有涵闸站 127 座、河道 24 km、3 处堤防(30.546 km)以及 7 处独立管理区和防汛仓库。省水利厅直属工程管理单位管理全省重要的河湖和水利工程,对防洪、排涝、送水起到了重要的调度、控制作用,为全省防洪、排涝、送水、航运综合功能的发挥提供了保证。主要管理的河湖和水利工程有泰州引江河 24 km(行业监管)、邳洪河大堤新邳洪闸至皂河站左堤 1.7 km、淮河入海水道北堤(北堤桩号 83+130—85+170)2.1 km、洪泽湖大堤(桩号 34+900—67+250)26.746 km,涵闸站 127 座,其中江苏省骆运水利工程管理处管理涵闸站 17 座、江苏省淮沭新河管理处(含省通榆河蔷薇河送清水工程管理处)管理涵闸站 32 座、江苏省灌溉总渠管理处(含省淮河入海水道工程管理处)管理涵闸站 38 座、江苏省洪泽湖水利工程管理处管理涵闸站 7 座、江苏省江都水利工程管理处管理涵闸站 21 座、江苏省秦淮河水利工程管理处管理涵闸站 3 座、江苏省太湖地区水利工程管理处管理枢纽 7 处、江苏省泰州引江河管理处(含省灌溉动力管理一处)管理涵闸站 2 处(含 1 处高港枢纽)。

2. 省属处管水利工程情况

(1) 江苏省骆运水利工程管理处。

江苏省骆运水利工程管理处主要管理 5 座大型泵站和 12 座大、中型涵闸,承担约 1.7 km 邳洪河大堤的管理维护,另外还有一支国家级防汛机动抢险队,拥有流动柴油机泵 350 台套、电动潜水泵 108 台套、一大批防汛物资和抢险设备(图 1.2)。管理处承担着防洪、排涝、南水北调、灌溉、航运、发电、生态调水等重要作用;还承担着江苏省骆马湖联防指挥部办公室的日常工作;行使骆马湖、微山湖(江苏省境内)的湖泊管理与保护职能。

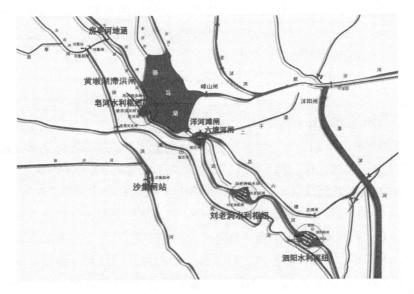

图 1.2　江苏省骆运水利工程管理处工程位置示意图

(2) 江苏省淮沭新河管理处(含省通榆河蔷薇河送清水工程管理处)。

江苏省淮沭新河管理处与江苏省通榆河蔷薇河送清水工程管理处合署办公,管理涵闸、抽水站等水工建筑物共计 32 座,构筑了淮水北调、分淮入沂、引沂济淮、排污引清、北延送水的工程控制体系,发挥防洪、排涝、灌溉、挡潮、降渍、排污、供水、航运、发电等综合效益。管理范围跨越淮河、沂沭泗两大水系,受益面积涉及淮安、宿迁、连云港、盐城 4 市 18 个县(区)(图 1.3)。

(3) 江苏省灌溉总渠管理处(含省淮河入海水道工程管理处)。

江苏省灌溉总渠管理处与江苏省淮河入海水道工程管理处合署办公,管理处办公地点位于江苏省淮安市淮安区南郊,管理着苏北灌溉总渠、淮河入

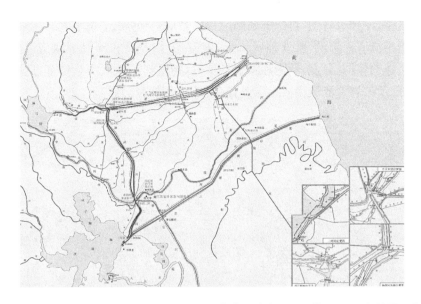

图 1.3　江苏省淮沭新河管理处(含省通榆河蔷薇河送清水工程管理处)工程位置示意图

海水道沿线和南水北调东线第二梯级淮安站(淮安一站、二站、三站)、第三梯级淮阴抽水站以及白马湖、宝应湖周边主要控制工程,包括 4 座大型抽水泵站、2 座 110 kV 变电所、31 座涵闸(大型 5 座、中型 17 座、小型及其他 9 座)、1 座船闸、2.1 km 入海水道堤防(共计 39 项)。工程分布于扬州、淮安、盐城 3 市的宝应、洪泽、金湖、清浦、淮安、阜宁、滨海、射阳 8 县(区)(图 1.4)。

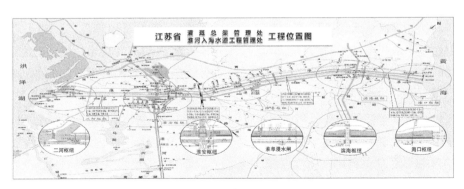

图 1.4　江苏省灌溉总渠管理处(含省淮河入海水道工程管理处)工程位置示意图

(4)江苏省洪泽湖水利工程管理处。

江苏省洪泽湖水利工程管理处成立于 1953 年 11 月(2008 年 3 月江苏省三河闸管理处更名),管理着三河闸、洪泽湖大堤、三河船闸、石港抽水站、蒋坝抽水站、蒋坝引江闸、蒋坝进湖闸、石港引江洞8座大中型水利工程。承担淮河下游流域性防洪、淮北地区抗旱,宝应湖、白马湖排涝及引江济淮任务;协助洪泽湖保护、开发、利用和管理工作;承担淮河下游联防指挥部办公室的职责,即承担省管流域性河道行业管理的任务(图1.5)。

图1.5 江苏省洪泽湖水利工程管理处工程位置示意图

(5)江苏省江都水利工程管理处。

江苏省江都水利工程管理处主要负责江都水利枢纽的管理。江都水利枢纽位于扬州市境内,在京杭大运河、新通扬运河和淮河入江水道交汇处,于1961年开工建设,至1977年基本建成,包含涵闸站21座,其中泵站4座、涵闸17座。江都水利枢纽工程是由抽水站、大型水闸、中型水闸、船闸、涵洞、鱼道以及输变电工程和引排河道组成的一个具有调水、排涝、泄洪、通航、过鱼、发电以及改善生态环境等综合功能的大型水利枢纽工程。它既是伟大治淮工程中一项综合利用的重要工程,也是江苏省"江水北调东引"的"龙头"工程,又是国家南水北调东线工程的起点站(图1.6)。

(6)江苏省秦淮河水利工程管理处。

江苏省秦淮河水利工程管理处管辖控制秦淮河流域出口的秦淮新河闸站和武定门闸站两大水利枢纽工程,具有防洪、排涝、灌溉、改善水环境等多种功能,共同担负着秦淮河流域内南京市区、江宁区、溧水区和镇江句容市50

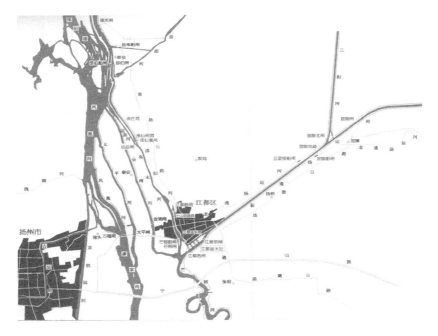

图 1.6　江苏省江都水利工程管理处工程位置示意图

万亩①圩区以及禄口机场、南京南站、京沪高铁、宁杭高铁、沪宁高速公路、宁杭高速公路和重要厂矿的防洪、灌溉、航运和改善城市水环境等综合功能,为秦淮河地区经济社会发展提供重要的支撑(图 1.7)。

(7) 江苏省太湖地区水利工程管理处。

江苏省太湖地区位于太湖流域中北部,总面积 1.94 万 km²,占整个太湖流域面积的 52.6%,分属苏州、无锡、常州、镇江和南京 5 个市。目前,江苏省太湖地区水利工程管理处主要负责太湖地区常熟枢纽、望亭枢纽、常州新闸、丹金闸枢纽、常州钟楼防洪控制工程和张家港水利枢纽工程等水利工程及管理范围内的堤防管理;受江苏省水利厅委托,负责太湖、滆湖、长荡湖 3 个省管湖泊和宛山塘、鹅真荡、嘉菱荡 3 个市际湖泊的行业管理;负责管理范围内水事案件的查处及河道清障工作;负责望虞河河道堤防行业管理;承担太湖流域泄洪,苏州、无锡地区排涝,引长江水补给太湖水源的任务;承担太湖联防指挥部办公室的职责(图 1.8)。

---

①　1 亩≈667 m²

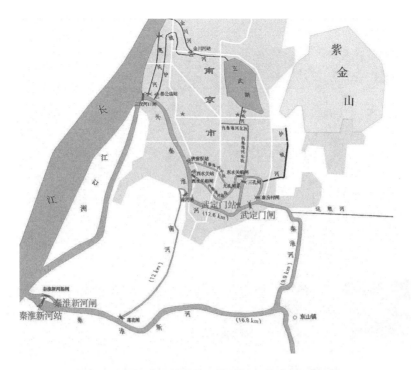

图 1.7　江苏省秦淮河水利工程管理处工程位置示意图

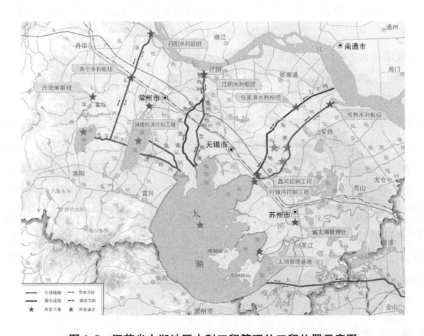

图 1.8　江苏省太湖地区水利工程管理处工程位置示意图

(8) 江苏省泰州引江河管理处(含省灌溉动力管理一处)。

江苏省泰州引江河管理处与省灌溉动力管理一处合署办公,主要负责高港枢纽泵站、节制闸、调度闸、送水闸、船闸等工程管理,24 km 引江河河道行业管理,里下河腹部地区湖泊湖荡监管,如皋拉马河闸管理及省级防汛机动抢险工作(图 1.9)。泰州引江河位于泰州市与扬州市交界处,河线呈南北走向,南端在泰州市高港区杨湾闸西侧 3.61 km 处沟通长江,北端在海陵区九里沟西 380 m 处衔接新通扬运河,全长 23.846 km,是一项以引水为主,灌、排、航综合利用,效益覆盖苏中、苏北地区的基础设施工程。

1.2　工程管理范围及安全警戒区划定现状

1.2.1　划定背景

河湖是水资源的重要载体,水利工程是实施防洪排涝、农业灌溉、抗旱供水、生态调节的重要基础设施。加强河湖和水利工程管理对于保障其防洪、供水、水生态安全,促进社会经济可持续发展具有重要意义。

2014 年 2 月,《水利部关于印发〈关于加强河湖管理工作的指导意见〉的通知》(水建管〔2014〕76 号),要求开展水域岸线登记和确权划界工作。

2014 年 8 月,按照《水利部关于开展河湖管理范围和水利工程管理与保护范围划定工作的通知》(水建管〔2014〕285 号),要求到 2020 年,基本完成国有河湖管理范围和水利工程管理与保护范围的划定工作,并依法依规逐步确定管理范围内的土地使用权属;按照"依法依规、轻重缓急、先易后难(先划界、后确权)、因地制宜、分级负责"的原则,分为"全面调查、制定实施方案、组织实施"三个阶段开展工作;中央直管河湖和水利工程的实施方案由流域机构等部有关直属单位组织编制,报中华人民共和国水利部(以下简称水利部)备案;地方管理的河湖和水利工程的实施方案按照管辖权限由县级以上地方水行政主管部门负责编制,报省级水行政主管部门汇总。

2014 年 10 月,中共江苏省委办公厅印发《省委十二届六次全会重要改革举措实施规划(2014—2020 年)》,要求按照中央统一部署,有序开展自然生态空间确权登记相关工作,完成流域性河道、大中型水库、大型闸站管理与保护范围划定、定桩。

2015 年 7 月,江苏省人民政府办公厅印发了《省政府办公厅关于开展河

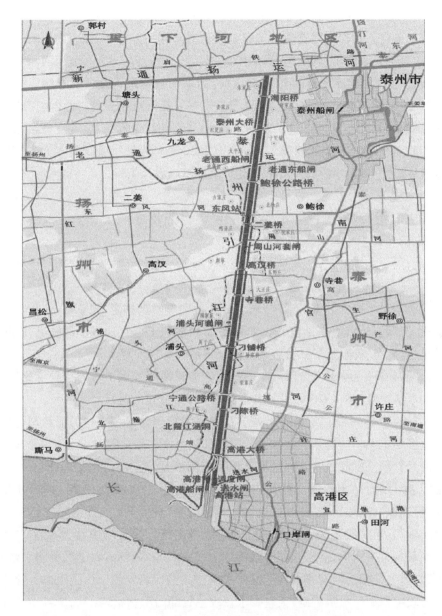

图 1.9 江苏省泰州引江河管理处工程位置示意图

湖和水利工程管理范围划定工作的通知》(苏政办发〔2015〕76 号),对开展河湖工程管理范围划定工作的重要性、目标要求、实施步骤、组织保障等提出明确要求,其中要求 2017 年完成省管水利工程河湖工程管理范围划定工作,省管水利工程河湖工程管理范围划定工作实施方案由省水利厅牵头组织审查。

2015年,江苏省水利厅根据苏政办发〔2015〕76号文件和水利部工作部署,相继印发了《省水利厅关于开展河湖和水利工程管理范围划定工作的实施意见》(苏水管〔2015〕134号)、《江苏省河湖管理范围和水利工程管理与保护范围划定技术规定(试行)》(苏水管〔2015〕64号)、《江苏省河湖和水利工程管理范围划定实施方案编制大纲》(苏水管〔2015〕105号)、《江苏省河湖和水利工程管理范围划定成果信息采集技术要求(试行)》(苏水管〔2015〕136号),要求全省各市和厅属管理处抓紧编制实施方案,并组织实施。

2015年11月,为切实做好省直属水利工程河湖和水利工程管理范围划定的工作,厅属省骆运水利工程管理处、省淮沭新河管理处(含省通榆河蔷薇河送清水工程管理处)、省灌溉总渠管理处(含省淮河入海水道工程管理处)、省洪泽湖水利工程管理处、省江都水利工程管理处、省秦淮河水利工程管理处、省太湖地区水利工程管理处和省泰州引江河管理处(含省灌溉动力管理一处)均成立了工作领导小组,明确分工,完成了各管理处河湖和水利工程管理范围划定的实施方案编制工作,省河道局组织专家对实施方案进行评审,并出具了专家评审意见,各管理处根据专家评审意见积极修改完成了报批稿。

根据《省水利厅关于开展河湖和水利工程管理范围划定工作的实施意见》(苏水管〔2015〕134号),省直管水利工程管理范围划界及确权登记经费由省级负责。鉴于全省河湖管理范围划定专项资金不足的情况,为确保划界任务按时完成,经与省有关部门协商,确定厅属管理处河湖和水利工程管理范围划定经费采用基本建设投资渠道,为此省河道局委托江苏省水利工程科技咨询股份有限公司和南京市水利规划设计院股份有限公司编制了《江苏省水利厅直管工程管理单位河湖和水利工程管理范围划定总体实施方案》。

2016年4月29日,江苏省河道管理局组织发改委、水利厅相关部门及厅直属管理单位对项目总体实施方案进行了咨询,会后根据专家咨询意见按基建报告形式进行了修改、完善。

2016年12月23日,江苏省水利勘测设计研究院有限公司主持召开了《江苏省水利厅直管工程管理单位河湖和水利工程管理范围划定总体实施方案》专家评审会,根据专家评审意见修改完善。

1.2.2 工程管理现状

2015 年,厅属管理处先行启动工程管理范围及安全警戒区划定工作,为此开展了工程管理调研。厅属管理处均隶属于省水利厅,省通榆河蔷薇河送清水工程管理处和省淮河入海水道工程管理处为全额拨款事业单位,省泰州引江河管理处为自收自支事业单位,其他均为差额拨款的事业单位。各管理处管理体制健全,对应分工要求,下设多个管理所。

省骆运水利工程管理处下设 10 个管理所,分别是省泗阳闸站管理所、省刘老涧闸站管理所、省沙集闸站管理所、省皂河抽水站管理所、省黄墩湖滞洪闸管理所、省皂河闸管理所、省洋河滩闸管理所、省房亭河地涵管理所、省抗旱排涝队、水文站。

省淮沭新河管理处(含省通榆河蔷薇河送清水工程管理处)下设 16 个管理所,分别是省二河闸管理所、省淮阴闸管理所、省淮阴第二抽水站管理所、省杨庄闸管理所、省沭阳闸管理所、省蔷薇河地涵管理所、省盐河北闸管理所、省善后闸管理所、省沭新闸管理所、省新沂河海口控制工程管理所、省龙埝控制工程管理所、省沭阳控制工程管理所、省叮当河控制工程管理所、省盐河地涵管理所、省灌河响水地涵管理所、省滨海抽水站管理所。

省灌溉总渠管理处(含省淮河入海水道工程管理处)下设 18 个管理所,分别是省淮安抽水一、二、三站管理所,省淮阴抽水站管理所,省淮安抽水站变电所,省高良涧闸管理所,省运东闸管理所,省阜宁腰闸管理所,省通榆河总渠立交管理所,省六垛闸管理所,省南运西闸管理所,省北运西闸管理所,省运西分水闸管理所,省二河新闸管理所,省大运河立交管理所,省淮阜控制工程管理所,省滨海枢纽工程管理所,省海口闸管理所。

省洪泽湖水利工程管理处下设 5 个管理所,分别是省三河闸管理所、省洪泽湖堤防管理所、省石港抽水站管理所、省蒋坝抽水站管理所(与省三河船闸管理所合署办公)、水文站。

省江都水利工程管理处下设 10 个管理所,分别是省江都第一、二、三、四抽水站管理所,省变电所,省电力试验中心,省万福闸管理所,省江都闸管理所,省邵仙闸管理所,省宜陵闸管理所。

省秦淮河水利工程管理处下设 3 个管理单位,分别是省秦淮新河闸管理所、省武定门闸管理所、水文站。

省太湖地区水利工程管理处下设 5 个枢纽管理所,分别是省常熟水利枢纽管理所、省望亭水利枢纽管理所、省丹金闸水利枢纽管理所、省钟楼防洪控制工程管理所、省张家港水利枢纽管理所。

省泰州引江河管理处(含省灌溉动力管理一处)下设省高港泵站管理所、省高港水闸管理所、河道管理所、省拉马河闸管理所、省防汛机动抢险三队(抗旱排涝管理所)、设备修理所。

管理处人员总体素质较高,年龄结构和技术结构合理,各管理处现有在职管理人员 70%以上为本科以上学历,具有一定的专业技术水平,为工程的良好管理和有序运行提供了保证。管理处建立了人员培训机制,确保技术人员参加相关业务培训,获取前沿管理信息,为管理创新和技术研究提供了良好氛围,有利于管理能力的提升和发展。

江苏省水利厅直属工程管理单位水利工程管理体制框架见表 1.1。

表 1.1　江苏省水利厅直属工程管理单位水利工程管理体制框架

江 苏 省 水 利 厅	江苏省骆运水利 工程管理处	江苏省泗阳闸站管理所
		江苏省刘老涧闸站管理所
		江苏省沙集闸站管理所
		江苏省皂河抽水站管理所
		江苏省黄墩湖滞洪闸管理所
		江苏省皂河闸管理所
		江苏省洋河滩闸管理所
		江苏省房亭河地涵管理所
		江苏省抗旱排涝队
		水文站
	江苏省淮沭新河管理处 (含省通榆河蔷薇河 送清水工程管理处)	江苏省二河闸管理所
		江苏省淮阴闸管理所
		江苏省淮阴第二抽水站管理所
		江苏省杨庄闸管理所
		江苏省沭阳闸管理所
		江苏省蔷薇河地涵管理所
		江苏省盐河北闸管理所
		江苏省善后闸管理所
		江苏省沭新闸管理所
		江苏省新沂河海口控制工程管理所

江苏省水利厅	江苏省淮沭新河管理处（含省通榆河蔷薇河送清水工程管理处）	江苏省龙埝控制工程管理所
		江苏省沭阳控制工程管理所
		江苏省叮当河控制工程管理所
		江苏省盐河地涵管理所
		江苏省灌河响水地涵管理所
		江苏省滨海抽水站管理所
	江苏省灌溉总渠管理处（含省淮河入海水道工程管理处）	江苏省淮安抽水一站管理所
		江苏省淮安抽水二站管理所
		江苏省淮安抽水三站管理所
		江苏省淮阴抽水站管理所
		江苏省淮安抽水站变电所
		江苏省高良涧闸管理所
		江苏省运东闸管理所
		江苏省阜宁腰闸管理所
		江苏省通榆河总渠立交管理所
		江苏省六垛闸管理所
		江苏省南运西闸管理所
		江苏省北运西闸管理所
		江苏省运西分水闸管理所
		江苏省二河新闸管理所
		江苏省大运河立交管理所
		江苏省淮阜控制工程管理所
		江苏省滨海枢纽工程管理所
		江苏省海口闸管理所
	江苏省洪泽湖水利工程管理处	江苏省三河闸管理所
		江苏省洪泽湖堤防管理所
		江苏省石港抽水站管理所
		江苏省蒋坝抽水站管理所（与省三河船闸管理所合署办公）
		水文站
	江苏省江都水利工程管理处	江苏省江都第一抽水站管理所
		江苏省江都第二抽水站管理所
		江苏省江都第三抽水站管理所

江苏省水利厅	江苏省江都水利工程管理处	江苏省江都第四抽水站管理所
		江苏省变电所
		江苏省电力试验中心
		江苏省万福闸管理所
		江苏省江都闸管理所
		江苏省邵仙闸管理所
		江苏省宜陵闸管理所
	江苏省秦淮河水利工程管理处	江苏省秦淮新河闸管理所
		江苏省武定门闸管理所
		水文站
	江苏省太湖地区水利工程管理处	江苏省常熟水利枢纽管理所
		江苏省望亭水利枢纽管理所
		江苏省丹金闸水利枢纽管理所
		江苏省钟楼防洪控制工程管理所
		江苏省张家港水利枢纽管理所
	江苏省泰州引江河管理处（含省灌溉动力管理一处）	江苏省高港泵站管理所
		江苏省高港水闸管理所
		河道管理所
		江苏省拉马河闸管理所
		江苏省防汛机动抢险三队（抗旱排涝管理所）
		设备修理所

厅属管理处基本情况见表1.2。

表 1.2　厅属管理处基本情况

序号	管理单位	单位性质	经费落实	备注
一	省骆运水利工程管理处			
1	省泗阳闸站管理所	公益Ⅱ类	差额拨款	
2	省刘老涧闸站管理所	公益Ⅱ类	差额拨款	
3	省沙集闸站管理所	公益Ⅱ类	差额拨款	
4	省皂河抽水站管理所	公益Ⅱ类	差额拨款	
5	省黄墩湖滞洪闸管理所	公益Ⅱ类	差额拨款	
6	省皂河闸管理所	公益Ⅱ类	差额拨款	

（续表）

序号	管理单位	单位性质	经费落实	备注
7	省洋河滩闸管理所	公益Ⅱ类	差额拨款	
8	省房亭河地涵管理所	公益Ⅱ类	差额拨款	
9	省抗旱排涝队	公益Ⅱ类	差额拨款	
10	水文站	公益Ⅱ类	差额拨款	
二	**省淮沭新河管理处（含省通榆河蔷薇河送清水工程管理处）**			
1	省二河闸管理所	公益Ⅱ类	差额拨款	
2	省淮阴闸管理所	公益Ⅱ类	差额拨款	
3	省淮阴第二抽水站管理所	公益Ⅱ类	差额拨款	
4	省杨庄闸管理所	公益Ⅱ类	差额拨款	
5	省沭阳闸管理所	公益Ⅱ类	差额拨款	
6	省蔷薇河地涵管理所	公益Ⅱ类	差额拨款	
7	省盐河北闸管理所	公益Ⅱ类	差额拨款	
8	省善后闸管理所	公益Ⅱ类	差额拨款	
9	省沭新闸管理所	公益Ⅱ类	差额拨款	
10	省新沂河海口控制工程管理所	公益Ⅱ类	差额拨款	
11	省龙埝控制工程管理所	公益Ⅰ类	全额拨款	
12	省沭阳控制工程管理所	公益Ⅰ类	全额拨款	
13	省叮当河控制工程管理所	公益Ⅰ类	全额拨款	
14	省盐河地涵管理所	公益Ⅰ类	全额拨款	
15	省灌河响水地涵管理所	公益Ⅰ类	全额拨款	
16	省滨海抽水站管理所	公益Ⅰ类	全额拨款	
三	**省灌溉总渠管理处（含省淮河入海水道工程管理处）**			
1	省淮安抽水一站管理所	公益Ⅱ类	差额拨款	
2	省淮安抽水二站管理所	公益Ⅱ类	差额拨款	
3	省淮安抽水三站管理所	公益Ⅱ类	差额拨款	
4	省淮阴抽水站管理所	公益Ⅱ类	差额拨款	
5	省淮安抽水站变电所	公益Ⅱ类	差额拨款	
6	省高良涧闸管理所	公益Ⅱ类	差额拨款	
7	省运东闸管理所	公益Ⅱ类	差额拨款	

（续表）

序号	管理单位	单位性质	经费落实	备注
8	省阜宁腰闸管理所	公益Ⅱ类	差额拨款	
9	省通榆河总渠立交管理所	公益Ⅱ类	差额拨款	
10	省六垛闸管理所	公益Ⅱ类	差额拨款	
11	省南运西闸管理所	公益Ⅱ类	差额拨款	
12	省北运西闸管理所	公益Ⅱ类	差额拨款	
13	省运西分水闸管理所	公益Ⅱ类	差额拨款	
14	省二河新闸管理所	公益Ⅰ类	全额拨款	
15	省大运河立交管理所	公益Ⅰ类	全额拨款	
16	省淮阜控制工程管理所	公益Ⅰ类	全额拨款	
17	省滨海枢纽工程管理所	公益Ⅰ类	全额拨款	
18	省海口闸管理所	公益Ⅰ类	全额拨款	
四	**省洪泽湖水利工程管理处**			
1	省三河闸管理所	公益Ⅰ类	差额拨款	
2	省洪泽湖堤防管理所	公益Ⅰ类	差额拨款	
3	省石港抽水站管理所	公益Ⅰ类	差额拨款	
4	省蒋坝抽水站管理所（与省三河船闸管理所合署办公）	公益Ⅰ类	差额拨款	
5	水文站	公益Ⅰ类	差额拨款	
五	**省江都水利工程管理处**			
1	省江都第一抽水站管理所	公益Ⅱ类	差额拨款	
2	省江都第二抽水站管理所	公益Ⅱ类	差额拨款	
3	省江都第三抽水站管理所	公益Ⅱ类	差额拨款	
4	省江都第四抽水站管理所	公益Ⅱ类	差额拨款	
5	省变电所	公益Ⅱ类	差额拨款	
6	省电力试验中心	公益Ⅱ类	差额拨款	
7	省万福闸管理所	公益Ⅱ类	差额拨款	
8	省江都闸管理所	公益Ⅱ类	差额拨款	
9	省邵仙闸管理所	公益Ⅱ类	差额拨款	
10	省宜陵闸管理所	公益Ⅱ类	差额拨款	
六	**省秦淮河水利工程管理处**			
1	省秦淮新河闸管理所	公益Ⅰ类	差额拨款	
2	省武定门闸管理所	公益Ⅰ类	差额拨款	
3	水文站	公益Ⅰ类	差额拨款	

（续表）

序号	管理单位	单位性质	经费落实	备注
七	省太湖地区水利工程管理处			
1	省常熟水利枢纽管理所	公益Ⅱ类	差额拨款	
2	省望亭水利枢纽管理所	公益Ⅱ类	差额拨款	
3	省丹金闸水利枢纽管理所	公益Ⅱ类	差额拨款	
4	省钟楼防洪控制工程管理所	公益Ⅱ类	差额拨款	
5	省张家港水利枢纽管理所	公益Ⅱ类	差额拨款	
八	省泰州引江河管理处(含省灌溉动力管理一处)			
1	省高港泵站管理所	公益Ⅱ类	自收自支	
2	省高港水闸管理所	公益Ⅱ类	自收自支	
3	河道管理所	公益Ⅱ类	自收自支	
4	省拉马河闸管理所	公益Ⅱ类	差额拨款	
5	省防汛机动抢险三队(抗旱排涝管理所)	公益Ⅱ类	差额拨款	
6	设备修理所	公益Ⅱ类	差额拨款	

1.2.3 历史划界确权情况及存在问题

水利工程管理范围划界确权工作启动于 20 世纪 90 年代,确权成果多为纸质件,已不能适应现行信息化管理要求;现有管理范围大多未按法律法规要求落地,缺少管理标志,未建立管理范围信息化系统;即使已有部分埋设了管理护栏和界牌,但设计简单,警示和宣传作用不明显,不能满足水利现代化管理的要求;部分管理范围在建设过程中已征补,但未申领土地证,需进一步推进实施。随着河湖生态空间管理要求的提高和水利、国土、规划"一张图"信息化共享系统的需求,亟须进行新一轮的划界确权工作,建立水利、国土、规划统一衔接的空间管控体系,确保管理范围划定成果能够落到实地、管控到位,满足省、市、县(市、区)水利、国土、规划资源互联共享的管理需求。

1. 历史划界情况

厅直属管理处管理 127 座涵闸、河道 24 km、堤防 3 处(30.546 km)及独立管理区、防汛仓库 7 处。厅属管理处各单位自成立以来,大多对所管河道和水利工程未划界,即未按法规将管理范围落到地上、埋设界桩,2017 年经调查,仅泰州引江河全线设有护栏,其他管理所和管理区一般设有围栏或围墙,有的管理区和管理所是独立的,有的与所管工程管理范围合并。在进行已划界情况统计时,与所管水利工程管理范围合并的管理区和管理所不统计,经多年运行破损的河道、堤防护栏或界桩已损毁的不统计。经统计,厅属管理区省骆运水利工程管理处本部、省淮沭新河管理处本部、省洪泽湖水利工程管理处本部、省太湖地区水利工程管理处本部和湖泊基地及省灌溉动力管理一处排灌设施区均为独立办公区,已完成应划界面积为96 227.6 m²。

2. 历史确权情况

厅属管理处自成立即对所管河道、堤防和水利工程积极开展水利工程用地确权工作,该工作主要开展于 20 世纪 90 年代。根据《转发〈关于水利工程用地确权有关问题的通知〉的通知》(苏水管〔1992〕50 号)、《关于转发水利部进一步做好水利工程土地划界工作的通知》(苏水管〔1992〕69 号)等通知要求,厅属管理处对已有工程确权,对后续新建工程落实确权,目前各管理处办公区和所管河道、堤防及水利工程基本已确权,少部分工程因未及时确权成为遗留问题。

2017 年,经调研,省骆运水利工程管理处邳洪河大堤、省灌溉总渠管理处(含省淮河入海水道工程管理处)入海水道北堤堤防、省洪泽湖水利工程管理处洪泽湖大堤、省泰州引江河管理处泰州引江河河道,河道、堤防工程现状确权达 100%。省骆运水利工程管理处 18 座水利工程已确权面积达总面积的99.97%,但已划界面积占比仅为 0.1%;省淮沭新河管理处(含省通榆河蔷薇河送清水工程管理处)共 32 座水利工程已确权 40.1%,已划界 0.1%;省灌溉总渠管理处(含省淮河入海水道工程管理处)39 座建筑物已确权 85.2%,未开展划界;省洪泽湖水利工程管理处 7 处建筑物已确权 73.6%,已划界约0.2%;省江都水利工程管理处有 21 座建筑物已确权 70.7%,未开展划界;省秦淮河水利工程管理处 3 座闸站已确权 56.8%,已划界约 56.7%;省太湖地区水利工程管理处 7 座水利枢纽和处办公区已确权 65.5%,已划界约1.44%;省泰州引江河管理处(含省灌溉动力管理一处)3 处建筑物、排灌设施已确权 97.9%,已划界约 0.6%。

3. 存在问题

(1) 已有水利工程管理范围划界确权成果不适应现行信息化管理要求。

厅属管理处水利工程用地确权工作主要开始于 20 世纪 90 年代,已领取的土地证为纸质手绘证书,未进行地籍信息化,也未形成水利工程管理系统确权成果信息化。

现有河湖和水利工程管理范围均由相关的法律、法规明确,大多未实质性地落地划界,形成管理标志,建立信息化管理系统。

有部分水利工程设有管理界桩和护栏,但早期的界桩和护栏设计简单,警示和宣传作用不明显,不能满足水利现代化的管理要求。

随着信息化的发展,原有的确权成果不能与国土、规划部门的信息系统共享,河湖和水利工程管理范围也未形成信息化数据,导致无法建立水利、国土、规划统一衔接的空间管控体系,不能满足省、市、县(市、区)水利、国土、规划等部门资源互联共享的管理需要。

(2)部分工程已征补,未领取土地权属证。

有部分水利工程建设时,完成了征占地补偿手续,但尚未领取土地使用证,划界确权工作不明确,难以推进。

(3)与地方协调难度较大。

厅属管理处属于省厅下属单位,不同于当地水行政主管部门,可以由政府统一协调完成任务。由于厅属管理处的独立性,带来了划界确权过程中与地方国土、规划等部门沟通协调任务重、难度大的问题。

1.2.4　划定的必要性

1. 划界确权是政府依法履职的具体要求

按照法律法规,县级以上人民政府是河湖工程范围划界确权工作的责任主体,各管理处等同于县级以上人民政府。《中华人民共和国河道管理条例》明确,河道的具体管理范围,由县级以上地方人民政府负责划定。《江苏省水利工程管理条例》指出,河道、湖泊和水利工程管理范围的具体划定,由市、县人民政府根据实际情况做出规定。《江苏省河道管理实施办法》(2018年废止)要求,县级以上人民政府应当依法对本行政区域内的河道及其配套工程划定管理范围。建立政府负责、相关部门相互协作的划界确权工作机制,切实履行政府在划界确权中的主体责任。

2. 划界确权是落实党中央、国务院和中共江苏省委全面深化改革实施方案的具体措施

十八届三中全会提出,对水流等自然生态空间进行统一确权登记,形成归属清晰、权责明确、监管有效的自然资源资产产权制度。《水污染防治行动计划》(水十条)明确,积极保护生态空间,严格水域岸线用途管制,土地开发利用应按照有关法律法规和技术标准要求,留足河道、湖泊和滨海地带的管理和保护范围,非法挤占的应限期退出。中共江苏省委十二届六次全会出台

了《省委十二届六次全会重要改革举措实施规划（2014—2020 年）》（苏办发〔2014〕39 号），要求按照中央统一部署，明确实现自然生态空间统一确权登记的内容和制度，完成流域性河道、湖泊、大中型闸站管理与保护范围划定、定桩，并把此项工作抓紧、抓实、抓到位。

3. 河湖工程管理范围划界确权是水利管理现代化的需求

近年来，江苏省水利厅坚持强化政府空间管控能力，实现国土空间集约、高效、可持续利用，建立统一衔接、功能互补、相互协调的空间规划体系。各管理处不断深化水管单位体制改革，逐步实现工程管理的制度化和规范化，实现水利工程设施和工程管理控制运用手段的现代化。各大管理处河湖工程管理范围划界确权有利于空间管控能力提升，有利于实现工程管理的制度化和规范化，是国土空间集约、高效和实现水利现代化的重要保障。

按照中共中央、中共江苏省委依法治国，对河流等自然生态空间进行统一确权登记的部署，以及江苏省加快推进水利现代化和水利改革发展的要求，以相关法律、法规和技术标准为依据，准确划定河湖管理范围和水利工程管理与保护范围，明确管理界线，设立界桩等保护标志，推进建立范围明确、权属清晰、责任落实的现代化河湖管理和水利工程管理保护体系。

4. 河湖工程范围划界确权是维护水安全的重要保证

各管理处经过几十年的努力，建立了以河道和水利工程为主的防洪、排涝、引水体系。但是，仍有一些地方存在挤占河道、蚕食水域、侵占水利工程管理范围等问题，威胁防洪安全、供水安全、生态安全。依法划定河湖管理范围和水利工程管理与保护范围，有利于明确管理界线，推进建立范围明确、权属清晰、责任落实的河湖管理和水利工程管理与保护责任体系，是区域防洪安全、供水安全、生态安全的重要保障。

1.2.5　划定的可行性

（1）各级政府、部门对河湖工程管理范围划界确权政策支持力度大。《水利部关于深化水利改革的指导意见》《水利部关于印发〈加强河湖管理工作的指导意见〉的通知》提出，各地要全面开展河湖水域岸线登记、河湖管理范围划定、水利工程确权划界工作。江苏省人民政府重视河湖工程管理范围划定工作，出台了《省政府办公厅关于开展河湖和水利工程管理范围划定工作的通知》（苏政办发〔2015〕76 号），要求省管水利工程管理范围划定工作由水利厅负责，相关地区和省有关部门予以配合。同时要求各地强化组织领导，强化工作责任,建立由政府分管领导牵头,水利、国土资源、财政、发展改革、交通运输、住房城乡建设等相关部门负责同志参加的协调推进机制。中共中央、国务院印发的《生态文明体制改革总体方案》,要求构建归属清晰、权责明确、监管有效的自然资源资产产权制度,建立统一的确权登记系统。

(2)江苏省人民政府和省水利厅高度重视,出台了一系列支撑文件,对河湖和水利工程管理范围划定顺利开展指导全面。接到《省政府办公厅关于开展河湖和水利工程管理范围划定工作的通知》后,水利厅工管处选择江苏省水利工程科技咨询股份有限公司作为技术支撑单位,积极做好顶层设计,细化了管理范围划定工作,出台了《省水利厅关于开展河湖和水利工程管理范围划定工作的实施意见》(苏水管〔2015〕134 号),研究制定了《江苏省河湖和水利工程管理范围划定实施方案编制大纲》《江苏省河湖管理范围和水利工程管理与保护范围划定技术规定(试行)》《江苏省河湖和水利工程管理范围划定成果信息采集技术要求(试行)》《江苏省河湖和水利工程管理范围划定实施方案符合性审查工作指导意见》等,为全省河湖和水利工程管理范围划定实施方案的编制、报批及后期实施提供了很好的技术指导,保证工作有序、有质开展。

(3)厅属管理处业务精湛,水利工程管理认知程度高,工作顺利开展有保证。厅属管理处人员专业配备齐全,管理手段相对现代化,管理业务知识与水利厅管理要求相适应,并不断更新提高。不管是业务水平,还是管理认知都有较高的水准,为河湖管理工作的顺利开展提供了保证。

(4)厅属管理处一直积极配合河湖和水利工程管理范围划定,管理范围划界确权工作有经验。各管理处根据省水利厅的统一部署,从 1995 年开始陆续对所管水利工程开展了确权工作,在此过程中,积累了宝贵的划界确权工作经验,特别是在确权范围、工作流程、矛盾协调等方面,这些经验的积累有利于指导划界确权工作的开展和实施。

1.3 相关水法律法规

1.3.1 《中华人民共和国水法》(2016 年修订)

第十二条 国家对水资源实行流域管理与行政区域管理相结合的管理体制。

国务院水行政主管部门负责全国水资源的统一管理和监督工作。

国务院水行政主管部门在国家确定的重要江河、湖泊设立的流域管理机构(以下简称流域管理机构),在所管辖的范围内行使法律、行政法规规定的和国务院水行政主管部门授予的水资源管理和监督职责。

县级以上地方人民政府水行政主管部门按照规定的权限,负责本行政区域内水资源的统一管理和监督工作。

1.3.2 《中华人民共和国防洪法》(2016年修订)

第三十五条 属于国家所有的防洪工程设施,应当按照经批准的设计,在竣工验收前由县级以上人民政府按照国家规定,划定管理和保护范围。

属于集体所有的防洪工程设施,应当按照省、自治区、直辖市人民政府的规定,划定保护范围。

在防洪工程设施保护范围内,禁止进行爆破、打井、采石、取土等危害防洪工程设施安全的活动。

1.3.3 《中华人民共和国土地管理法》(2019年修订)

第四条 国家实行土地用途管制制度。

国家编制土地利用总体规划,规定土地用途,将土地分为农用地、建设用地和未利用地。严格限制农用地转为建设用地,控制建设用地总量,对耕地实行特殊保护。

前款所称农用地是指直接用于农业生产的土地,包括耕地、林地、草地、农田水利用地、养殖水面等;建设用地是指建造建筑物、构筑物的土地,包括城乡住宅和公共设施用地、工矿用地、交通水利设施用地、旅游用地、军事设施用地等;未利用地是指农用地和建设用地以外的土地。

使用土地的单位和个人必须严格按照土地利用总体规划确定的用途使用土地。

第二十二条 江河、湖泊综合治理和开发利用规划,应当与土地利用总体规划相衔接。在江河、湖泊、水库的管理和保护范围以及蓄洪滞洪区内,土地利用应当符合江河、湖泊综合治理和开发利用规划,符合河道、湖泊行洪、蓄洪和输水的要求。

1.3.4 《中华人民共和国行政处罚法》(2021 年修订)

第十七条 行政处罚由具有行政处罚权的行政机关在法定职权范围内实施。

第十八条 国家在城市管理、市场监管、生态环境、文化市场、交通运输、应急管理、农业等领域推行建立综合行政执法制度,相对集中行政处罚权。

国务院或者省、自治区、直辖市人民政府可以决定一个行政机关行使有关行政机关的行政处罚权。

限制人身自由的行政处罚权只能由公安机关和法律规定的其他机关行使。

第十九条 法律、法规授权的具有管理公共事务职能的组织可以在法定授权范围内实施行政处罚。

1.3.5 《中华人民共和国行政强制法》

第四十二条 实施行政强制执行,行政机关可以在不损害公共利益和他人合法权益的情况下,与当事人达成执行协议。执行协议可以约定分阶段履行;当事人采取补救措施的,可以减免加处的罚款或者滞纳金。

执行协议应当履行。当事人不履行执行协议的,行政机关应当恢复强制执行。

第四十三条 行政机关不得在夜间或者法定节假日实施行政强制执行。但是,情况紧急的除外。

行政机关不得对居民生活采取停止供水、供电、供热、供燃气等方式迫使当事人履行相关行政决定。

第四十四条 对违法的建筑物、构筑物、设施等需要强制拆除的,应当由行政机关予以公告,限期当事人自行拆除。当事人在法定期限内不申请行政复议或者提起行政诉讼,又不拆除的,行政机关可以依法强制拆除。

1.3.6 《中华人民共和国土地管理法实施条例》(2021 年修订)

第三条 国土空间规划应当细化落实国家发展规划提出的国土空间开发保护要求,统筹布局农业、生态、城镇等功能空间,划定落实永久基本农田、生态保护红线和城镇开发边界。

国土空间规划应当包括国土空间开发保护格局和规划用地布局、结构、用途管制要求等内容,明确耕地保有量、建设用地规模、禁止开垦的范围等要求,统筹基础设施和公共设施用地布局,综合利用地上地下空间,合理确定并严格控制新增建设用地规模,提高土地节约集约利用水平,保障土地的可持续利用。

1.3.7　《中华人民共和国河道管理条例》(2018年修订)

第二十条　有堤防的河道,其管理范围为两岸堤防之间的水域、沙洲、滩地(包括可耕地)、行洪区,两岸堤防及护堤地。

无堤防的河道,其管理范围根据历史最高洪水位或者设计洪水位确定。

河道的具体管理范围,由县级以上地方人民政府负责划定。

1.3.8　《中华人民共和国水库大坝安全管理条例》(2011年修订)

第十条　兴建大坝时,建设单位应当按照批准的设计,提请县级以上人民政府依照国家规定划定管理和保护范围,树立标志。

已建大坝尚未划定管理和保护范围的,大坝主管部门应当根据安全管理的需要,提请县级以上人民政府划定。

第十三条　禁止在大坝管理和保护范围内进行爆破、打井、采石、采矿、挖沙、取土、修坟等危害大坝安全的活动。

1.3.9　《江苏省土地管理条例》(2021年修订)

第十一条　编制国土空间规划应当坚持生态优先,推动绿色、可持续发展,细化落实国家和省发展规划提出的国土空间开发保护要求,科学有序统筹安排生态、农业、城镇等功能空间,划定落实生态保护红线、永久基本农田、城镇开发边界等控制线,优化国土空间结构和布局,提升国土空间开发、保护的质量和效率。

编制国土空间规划,应当依法进行环境影响评价。环境影响评价文件应当明确对土壤、水等可能造成的不良影响和相应的预防措施。

1.3.10　《江苏省水利工程管理条例》(2018年修订)

第六条　为了确保工程安全和防汛抢险的需要,水利工程的管理范围规定如下:

（一）河道、湖泊的管理范围：

1. 有堤防的河道，其管理范围为两堤防之间的水域、沙洲、滩地（包括可耕地）、行洪区、两岸堤防及护堤地；无堤防的河道，其管理范围为水域、沙洲、滩地及河口两侧五至十米，或根据历史最高洪水位、设计洪水位确定。挡潮涵闸下游河道的管理范围可以延伸到入海水域，其中无港堤河段的管理范围为港河两侧一千米至二千米。

2. 湖泊的管理范围为湖泊的水域、蓄洪区、滞洪区、环湖大堤及护堤地。

（二）流域性主要河、湖堤防的管理范围：

1. 洪泽湖：迎水坡由盱眙县老堆头至二河闸段，防浪林台坡脚外十米；二河闸至码头镇段，以顺堤河为界（含水面）。背水坡有顺堤河的，以顺堤河为界（含水面）；没有顺堤河的，堤脚外五十米。

2. 骆马湖：迎水坡有防浪林台的，林台坡脚外十米；无防浪林台的，堤脚外三十米至五十米。背水坡东堤至自排河边，南堤至中运河边，西堤堤脚外四十米，北堤至顺堤河边。

3. 里运河（含高水河）：背水坡东、西堤堤脚外三十米至五十米。西堤临湖段有防浪林台的，林台坡脚外五十米；无防浪林台的，堤脚外湖面一百米至二百米。

4. 入江水道：背水坡堤脚外五十米。

5. 新沂河：背水坡南堤至沂南小河边，北堤至沂北小河边（漫水地段不得小于三十米）；无沂南、沂北小河的，堤脚外三十米至五十米。

6. 苏北灌溉总渠：背水坡北堤有排水渠的，至排水渠边；无排水渠的，堤脚外三十米。南堤有顺堤河的，以顺堤河为界（含水面）；无顺堤河的，堤脚外三十米至五十米。

7. 中运河、新沭河、总沭河、沂河、邳苍分洪道、不牢河、徐洪河、怀洪新河、望虞河、太浦河：背水坡堤脚外二十米。

8. 微山湖：迎水坡和背水坡堤脚外各六十米。

9. 淮沭河：背水坡堤脚外五十米。

10. 二河：东堤背水坡有顺堤河的，以顺堤河为界（含水面）；无顺堤河的，堤脚外五十米。

11. 长江：背水坡有顺堤河的，以顺堤河为界（含水面）；没有顺堤河的，堤脚外十米至十五米。

12. 太湖：迎水坡堤脚外二十米。背水坡有顺堤河的，以顺堤河为界（含水面);没有顺堤河的,堤脚外十米至十五米。

13. 通榆河:背水坡堤脚外至截水沟外沟口。

14. 海堤:迎水坡堤脚外一百米至二百米;第二道海堤堤脚外二十米至一百米。背水坡有海堤河的,以海堤河为界(含水面);无海堤河的,堤脚外三十米至五十米。

处于以上河道城镇段的堤防,在采取必要的工程措施、确保防洪安全的前提下,背水堤的管理范围,堤脚外不得少于五米。

(三) 大中型涵闸、水库、灌区的管理范围:

1. 大型涵闸、抽水站:上下游河道、堤防各五百米至一千米;左右侧各一百米至三百米。

中型涵闸、抽水站、水电站:上下游河道、堤防各二百米至五百米;左右侧各五十米至二百米。

水利枢纽工程内分别由水利部门和其他部门管理的各类建筑物,凡各自的管理范围已经划分明确的,不再变动;未经划分明确的,在不影响水利工程设施安全管理的前提下,兼顾其他方面的需要,由有关部门根据实际情况具体协商划定,报县级以上人民政府批准。新建工程在批准设计时,应同时明确规定管理范围。

2. 大中型水库:设计最高洪水位线以下的库区及大坝背水坡坝脚外一百米至二百米。大坝两端的山头、岗地,可根据安全管理需要,由有关市、县人民政府划定管理范围。

3. 十万亩以上灌区:干渠背水坡坡脚外三米至五米;支渠背水坡坡脚外一米至三米。

(四) 其他河道、堤防等水利工程的管理范围以及前二、三项中水利工程管理范围内有幅度的具体划定,由市、县人民政府根据实际情况作出规定。

1.3.11　《江苏省水库管理条例》(2018 年修订)

第十二条　水库的管理范围为:

(一) 大型水库大坝及其两端各八十至一百米、大坝背水坡坝脚外一百五十至两百米,中型水库大坝及其两端各五十至八十米、大坝背水坡坝脚外一百至一百五十米,小(1)型水库大坝及其两端各三十至五十米、大坝背水坡坝脚外五十至一百米,小(2)型水库大坝及其两端各十至三十米、大坝背水坡坝脚外十至五十米;

（二）库区水域、岛屿和校核洪水位以下的区域；

（三）水库溢洪河道以及其他工程设施的管理范围按照《江苏省水利工程管理条例》的规定确定。

县级以上地方人民政府应当按照上述规定划定水库的具体管理范围和必要的管理设施用地，并确定水库大坝管理和保护范围。

已建水库的管理单位应当依法申请办理水库管理范围和管理设施用地手续，领取土地使用权证。水库的确权发证按照国家有关规定执行，不得损害公民、法人或者其他组织的合法权益。

1.3.12 《江苏省湖泊保护条例》（2021 年修订）

第八条 湖泊保护范围为湖泊设计洪水位以下的区域，包括湖泊水体、湖盆、湖洲、湖滩、湖心岛屿、湖水出入口，湖堤及其护堤地，湖水出入的涵闸、泵站等工程设施。

县级以上水行政主管部门应当会同有关部门按照湖泊保护规划划定湖泊的具体保护范围，设立保护标志。

第十一条 在湖泊保护范围内，禁止建设妨碍行洪的建筑物、构筑物。在城市市区内的湖泊保护范围内，禁止新建、扩建与防洪、改善水环境以及景观无关的建筑物、构筑物。

在湖泊保护范围内，依法获得批准进行工程项目建设或者设置其他设施的，不得有下列情形：

（一）缩小湖泊面积；

（二）影响湖泊的行水蓄水能力和其他工程设施的安全；

（三）影响水功能区划确定的水质保护目标；

（四）破坏湖泊的生态环境。

在湖泊保护范围内建设跨湖、穿湖、穿堤、临湖的工程设施的，按照《中华人民共和国防洪法》的规定履行报批手续。

第十二条 湖泊保护范围内禁止下列行为：

（一）排放未经处理或者处理未达标的工业废水；

（二）倾倒、填埋废弃物；

（三）在湖泊滩地和岸坡堆放、贮存固体废弃物和其他污染物。

对城市市区内的湖泊应当建设环湖截污管网，并纳入城市污水处理系统。湖泊保护范围内的城市生活污水应当进入城市截污管网进行处理。

1.3.13 《江苏省河道管理条例》(2021 年修订)

第二十八条 涵、闸、泵站、水电站应当设立安全警戒区。安全警戒区由水行政主管部门在工程管理范围内划定,并设立标志。禁止在涵、闸、泵站、水电站安全警戒区内从事渔业养殖、捕(钓)鱼、停泊船舶、建设水上设施。

禁止在行洪、排涝、输水的主要河道或者通道上设置鱼罾、鱼簖等捕鱼设施。

设区的市、县(市、区)人民政府农业农村主管部门应当会同同级水行政主管部门、交通运输行政主管部门制定河道内渔具管理办法,报同级人民政府批准后施行。

第二章

水利工程管理范围及安全警戒区划定

2.1 依据

2.1.1 法律、法规、省政府规章

(1)《中华人民共和国水法》(2016 年修订);

(2)《中华人民共和国防洪法》(2016 年修订);

(3)《中华人民共和国土地管理法》(2019 年修订);

(4)《中华人民共和国土地管理法实施条例》(2021 年修订);

(5)《中华人民共和国河道管理条例》(2018 年修订);

(6)《中华人民共和国水库大坝安全管理条例》(2011 年修订);

(7)《大中型水利水电工程建设征地补偿和移民安置条例》(2017 年修订);

(8)《江苏省土地管理条例》(2021 年修订);

(9)《江苏省水利工程管理条例》(2018 年修订);

(10)《江苏省水库管理条例》(2018 年修订);

(11)《江苏省湖泊保护条例》(2012 年修订);

(12)《江苏省长江防洪工程管理办法》(2018 年修订);

(13)《江苏省水资源管理条例》(2018 年修订);

(14)《江苏省防洪条例》(2021 年修订);

(15)《中华人民共和国长江保护法》(2021 年 3 月 1 日实施)。

2.1.2　地方规定

(1)《宿迁市河道管理实施细则》(2005);

(2)《徐州市堤坝管理条例》(2022);

(3)《邳县水利工程管理实施办法》;

(4)《睢宁县水利工程管理实施办法》;

(5)《淮安市水利工程管理实施办法》(2011);

(6)《淮安市城市河道管理暂行办法》(2004);

(7)《淮阴县水利工程管理实施细则》(1998);

(8)《沭阳县水利工程管理暂行办法》(1987);

(9)《连云港市水利工程管理实施办法》(1996);

(10)《灌云县水利工程管理办法》(2009);

(11)《盐城市防洪实施办法》(1999);

(12)《盐城市水利工程管理实施办法》(2002);

(13)《盐城市河道管理办法》(2020);

(14)《响水县水利工程管理实施细则》(1987);

(15)《扬州市河道管理办法》(2011);

(16)《宝应县水利工程管理办法》(1989);

(17)《金湖县水利工程管理实施细则》(1998);

(18)《阜宁县水利工程管理实施细则》;

(19)《扬州市河道管理条例》(2017年施行,2022年修订);

(20)《扬州市水利工程管理办法》(2020);

(21)《扬州市江都区河道管理办法》(2021);

(22)《南京市水利工程管理和保护办法》(2009);

(23)《南京市防洪堤保护管理条例》(2004);

(24)《南京市蓝线管理办法》(2017);

(25)《无锡市水利工程管理办法》(2013);

(26)《苏州市河道管理条例》(2005);

(27)《常州市河道管理实施办法》(2020);

(28)《金坛市水利工程管理实施细则》(2013);

(29)《常熟市河道管理实施办法》;

(30)《南通市水利工程管理条例》(2018);

(31)《泰州市水利工程管理办法》(2011);

(32)《泰州市高港区水利工程管理实施细则》。

2.1.3 规范、规程及标准

(1)《中华人民共和国工程建设标准强制性条文(水利工程部分)》;

(2)《水利水电工程初步设计报告编制规程》(SL/T 619—2021);

(3)《水工混凝土结构设计规范》(SL 191—2008);

(4)《堤防工程管理设计规范》(SL/T 171—2020);

(5)《水闸工程管理设计规范》(SL 170—96);

(6)《堤防工程设计规范》(GB 50286—2013);

(7)《水利水电工程测量规范》(SL 197—2013);

(8)《城市测量规范》(CJJ/T 8 —2011);

(9)《工程测量规范》(GB 50026—2007);

(10)《全球定位系统城市测量技术规程》(CJJ 73—2010);

(11)《水利水电工程建设征地移民安置规划设计规范》(SL 290—2009);

(12)《国家三、四等水准测量规范》(GB/T 12898—2009);

(13)《测绘成果质量检查与验收》(GB/T 24356—2009);

(14)《防洪标准》(GB 50201—2014);

(15)《地籍调查规程》(TD/T 1001—2012);

(16)《土地利用现状分类》(GB/T 21010—2017);

(17)《全球定位系统(GPS)测量规范》(GB/T 18314—2009);

(18)《全球定位系统实时动态测量(RTK)技术规范》(CH/T 2009—2010);

(19)《国家基本比例尺地图图式 第1部分:1∶500 1∶1 000 1∶2 000地形图图式》(GB/T 20257.1—2017);

(20)《国家基本比例尺地图图式 第2部分:1∶5 000 1∶10 000 地形图图式》(GB/T 20257.2—2017);

(21)《基础地理信息要素分类与代码》(GB/T 13923—2006);

(22)《自然资源部办公厅关于印发测绘资质管理办法和测绘资质分类分级标准的通知》(自然资办发〔2021〕43 号);

(23)《水利水电工程设计工程量计算规定》(SL 328—2005);

其他技术标准、规范、规程。

2.1.4 有关政策文件

（1）《土地登记办法》（中华人民共和国国土资源部令第 40 号）；

（2）《确定土地所有权和使用权的若干规定》（〔1995〕国土〔籍〕字第 26 号）；

（3）《国家土地管理局、水利部关于水利工程用地确权有关问题的通知》（〔1992〕国土〔籍〕字第 11 号）；

（4）《土地权属争议调查处理办法》（中华人民共和国国土资源部令第 17 号）（2010 年修正）；

（5）《江苏省水利工程用地确权划界有关问题的补充意见》（苏水管〔1993〕35 号）；

（6）《不动产登记暂行条例》（国务院令第 656 号）；

（7）《不动产登记暂行条例实施细则》（中华人民共和国国土资源部令第 63 号）；

（8）《水利部印发关于深化水利改革的指导意见》（水规计〔2014〕48 号）；

（9）《水利部关于印发〈关于加强河湖管理工作的指导意见〉的通知》（水建管〔2014〕76 号）；

（10）《水利部关于开展河湖管理范围和水利工程管理与保护范围划定工作的通知》（水建管〔2014〕285 号）；

（11）《省政府办公厅关于开展河湖和水利工程管理范围划定工作的通知》（苏政办发〔2015〕76 号）；

（12）《省水利厅关于开展河湖和水利工程管理范围划定工作的实施意见》（苏水管〔2015〕134 号）；

（13）《省水利厅关于做好河湖和水利工程管理范围划定试点验收工作的通知》（苏水管〔2016〕22 号）；

（14）《省水利厅、国土资源厅、财政厅关于下达 2016 年河湖和水利工程管理范围划定工作任务的通知》（苏水管〔2016〕27 号）；

（15）《江苏省水利厅办公室关于印发〈省骨干河道管理范围划定界桩编码方向图〉的通知》（苏水办管〔2016〕17 号）；

（16）《江苏省水利厅关于印发〈江苏省河湖和水利工程管理范围划定招标文件技术部分编制要点（试行）〉的通知》（苏水管〔2016〕41 号）；

（17）《江苏省水利厅关于印发〈江苏省河湖和水利工程管理范围划定抽

检规定(试行)〉的通知》(苏水管〔2017〕2 号);

(18)《〈江苏省河湖和水利工程管理范围划定工作验收管理办法〉的通知》(苏水管〔2018〕12 号)。

2.1.5 有关资料

(1) 国土部门 2009 年完成的 1∶5 000 土地利用现状调查资料、集体土地所有权确权数据资料和历年来的土地征用报批和批准资料;

(2) 测绘部门 2014 年 0.3 m 分辨率的正射影像图、其他测图资料;

(3) 1∶10 000 及以上比例的地形图;

(4) 江苏省第一次全国水利普查资料(2013 年);

(5)《江苏省河湖和水利工程管理范围划定实施方案编制大纲》(苏水管〔2015〕105 号);

(6)《江苏省河湖管理范围和水利工程管理与保护范围划定技术规定(试行)》(苏水管〔2015〕64 号);

(7)《江苏省河湖和水利工程管理范围划定成果信息采集技术要求(试行)》(苏水管〔2015〕136 号);

(8)《江苏省管水利工程管理现代化规划(2011—2020)》。

2.2 术语

下列术语适用于本书。

2.2.1 河口线

河道两侧地面与迎水侧河坡的交线。

2.2.2 外缘控制线

河道、湖泊、水库和水利工程管理或保护范围的外边线。

2.2.3 管理范围

根据河湖水库生态健康、行洪畅通、河势稳定和水利工程安全而划定的河湖和水利工程管理区域,包括水文、观测等附属工程设施和水利工程管理单位生产生活用的管理区。

2.2.4　保护范围

根据水利工程的重要程度、堤基土质条件等,在水利工程管理范围的相连地域划定水利工程安全保护区作为保护区域。

2.2.5　权属范围

河道、湖泊、水库和水利工程管理单位或其主管机关向县级以上国土资源主管部门提出管理范围内的土地权属登记申请,由县级以上国土资源主管部门核准并发给《中华人民共和国国有土地使用证》,设立界桩,取得土地使用权的范围。

2.2.6　管理范围线

河道、湖泊、水库和闸站工程管理范围的外缘控制线。已进行权属登记的权属范围,比法规及规范性文件规定的管理范围大的河湖和水利工程,以权属范围的外缘控制线作为管理范围线。

2.2.7　保护范围线

水利工程保护范围的外缘控制线。

2.2.8　排水沟、顺堤河

沿堤后顺堤向开挖的截渗、排水的沟、河。

2.2.9　桩、牌

划界时,现场设置的标志物及宣传警示用的告示牌。"桩"指河道、湖泊、水库和水利工程管理范围线界址标志物,"牌"指各级人民政府告示牌(公示牌)。

2.3　划定清单

对工程管理单位所管河湖和水利工程逐项梳理,确定划定项目清单(表2.1、表2.2)。其中,河道及其堤坊工程划界确权清单内容应包括河道名称、河道长度(km)、管理单位、起止点、现状划界情况、现状确权情况等。

表 2.1　河道及其堤防工程划界确权清单

序号	河道名称	河道长度（km）	管理单位	起止点	现状划界情况	现状确权情况	备注
1	×××大堤		×××管理所	×××至×××段堤	是否划界	是否确权（纸质还是电子），是否领取土地证，是否地籍信息化	确权的内容包括堤身、护堤地、滩面和水面等

表 2.2　闸站工程划界确权清单

序号	闸站名称	闸站规模	设计流量（m³/s）	管理单位	现状划界情况	备注
1	×××闸			×××管理所	是否确权（纸质还是电子），是否领取土地证，是否地籍信息化	确权的内容包括堤防、消力池、海漫、闸身及左右岸堤防和水面等
2	×××站			×××管理所		

2.4　划定标准

2.4.1　管理范围

1. 河道管理范围

有堤防（含堆土区）的河道，其管理范围为两岸堤防之间的水域、沙洲、滩地（包括可耕地）、行洪区，以及两岸堤防及护堤地。无堤防的山丘区河道，其管理范围为满足该河道防洪标准的设计洪水位（或历史最高洪水位）与山丘体交线之间的水域、沙洲、滩地（包括可耕地）、行洪区等。无堤防的平原河道，其管理范围为水域、沙洲、滩地及河口两侧一定范围。海堤挡潮涵闸下游河道的管理范围可以延伸到入海水域。

以顺堤河（排水沟）为基准划界的，应以顺堤河（排水沟）外河口线为界（含水面）。

有堤防，无规划要求：现状堤脚线清晰的河道，以堤脚线为基准划界，需实测堤脚线。现状堤脚线不清晰、外堤肩线清晰的河道，可以外堤肩线为基准确定堤脚线，如用1∶10 000、1∶5 000地形图为底图的，需修测外堤肩线；现状堤身断面不明确的河道，需通过补测现状断面确定堤脚线，断面间距宜按 1 km 布置。现状堤防不明显的河道,由市县水行政主管部门因地制宜,确定管理范围线。

有堤防,有规划要求:现状有堤防,但堤防未达标,且有经批复、明确了设计断面的规划,可根据规划断面,确定河道管理范围线(表 2.3)。

表 2.3　有堤防的河道(段)划界标准表

河道名称	河道等级	河道(段)长度(m)	堤(岸)别	起止地点	河道(堤防)管理范围线		河道(堤防)保护范围线		备注
					距背水侧堤脚(m)	其他标准	管理范围线外距离(m)	其他标准	
(1)	(2)	(3)	(4)	(5)	(6)	(7)	(8)	(9)	(10)
			左						
			右						
			左						
			右						

注:(2)按照省水利厅骨干河道划分标准填写;(6)、(7)选填其中一项,(8)、(9)选填一项。

无堤防河道,无规划要求:山丘区河道按设计洪水位(或历史最高洪水位)确定管理范围;平原河道以河口向外一定距离确定管理范围(表 2.4、表 2.5)。平原区河道如用 1∶10 000 或 1∶5 000 地形图为底图的,需修测河口线。

表 2.4　无堤防的山丘区河道(段)划界标准表

河道名称	河道等级	河道(段)长度(m)	堤(岸)别	起止地点	河道管理范围线		备注
					设计洪水位(m)	最高洪水位(m)	
(1)	(2)	(3)	(4)	(5)	(6)	(7)	(8)
			左				
			右				
			左				
			右				

注:(2)按照省水利厅骨干河道划分标准填写;(6)、(7)选填其中一项。

表 2.5　无堤防的平原区河道(段)划界标准表

河道名称	河道等级	河道(段)长度(m)	堤(岸)别	起止地点	河道管理范围线		备注
					距河口距离(m)	其他标准	
(1)	(2)	(3)	(4)	(5)	(6)	(7)	(8)
			左				
			右				
			左				
			右				

注:(2)按照省水利厅骨干河道划分标准填写;(6)、(7)选填其中一项。

无堤防河道,有规划要求:无堤防河道,且有经批复的河道治理规划,明确了设计断面的,按规划要求划定河道管理范围线。

特殊情况:

(1)堤防堆土区较宽的,以堆土区外坡脚线为基准划定范围。

(2)河口线曲率较大的河道,参照现状河势走向或堤防线走向趋势、地形情况和现状情况,通过上下游平顺衔接划定范围。

(3)如堤防有缺口、不连续,可通过上下游有堤防段平顺连接。

(4)交通、市政、土地整理等建设对堤身培厚、加宽后有明显堤脚的堤防,管理范围以外堤脚为基准确定,或以堤后排水沟外口确定;交通、市政、土地整理等建设对堤身培厚、培宽后无明显堤脚的,堤防管理范围线划定至少按达标堤防断面确定堤脚范围,再按管理要求划定管理范围线。

(5)堤防直接为防洪墙段的,根据堤防防洪等级按设计洪水位超高 0.5 m 自墙后虚拟堤防断面,确定管理范围。

2. 湖泊保护(管理)范围

湖泊保护(管理)范围为湖泊设计洪水位以下的区域,包括湖泊水体、湖盆、湖洲、湖滩、湖心岛屿、湖水出入口,湖堤及其护堤地,湖水出入的涵闸、泵站等工程设施及其管理范围。

除洪泽湖以外的湖泊(水库),已经划定保护(管理)范围的省管湖泊,维持原保护(管理)范围,市县管理湖泊复核保护(管理)范围。

湖泊已编制退渔、退圩、退田还湖规划并获批准,且编制了实施方案的,按退渔还湖规划范围划定保护(管理)范围。

没有划定保护范围线的,有堤防段的,划至护堤地外缘;无堤防段的,划至设计洪水位外边线,或按市县人大公布的地方性法规及市县政府出台的政府规章,划至河口外一定距离(表2.6)。

表 2.6　湖泊划界标准表

湖泊名称	岸线起止地点	湖泊管理(保护)范围线			湖泊堤防管理范围线			湖泊堤防保护范围线		备注
		设计洪水位(m)	距河口距离(m)	其他标准	长度(m)	距背水侧堤脚距离(m)	其他标准	管理范围线外距离(m)	其他标准	
(1)	(2)	(3)	(4)	(5)	(6)	(7)	(8)	(9)	(10)	(11)

注:(4)、(5)选填其中一项,(7)、(8)选填其中一项,(9)、(10)选填其中一项。

3. 水库管理与保护范围

水库管理范围包括水库大坝及其两端山头、岗地的一定范围,护坝地,库区水域、岛屿和校核洪水位以下的区域,水库溢洪河道以及其他工程设施及其管理范围。水库溢洪河道以及其他工程设施的管理范围按照《江苏省水利工程管理条例》和地方性法规及市县政府出台的政府规章确定。

水库库区保护范围为由坝址以上、库区两岸(包括干、支流)管理范围线外至第一道分水岭脊线之间的陆地。

2.4.2　水利工程管理范围与保护范围

1. 堤防工程

堤防工程管理范围包括堤身,堤内外戗台,防渗导渗工程及堤内外护堤地,穿堤、跨堤交叉建筑物,护岸控导工程,水文、观测等附属工程设施及堤防工程管理单位生产生活用的管理区。

在堤防工程背水侧管理范围线以外,划定一定的区域,作为堤防工程保护范围。

2. 水库大坝

大坝包括永久性挡水建筑物以及与其配合运用的泄洪、输水和过船建筑物等。在大坝的两端及其背水坡坝脚外划定一定的区域,作为其管理范围。

水库溢洪道以及其他工程设施管理范围按河道有关要求划定(表2.7)。

表 2.7　水库划界标准表

水库名称	水库等级	库区管理范围线		库区保护范围线	水库大坝管理范围线		水库大坝保护范围线	备注
		校核洪水位(m)	其他标准	标准	大坝长度(m)	距坝脚/坝两侧距离(m)	距坝脚/坝两侧距离(m)	
(1)	(2)	(3)	(4)	(5)	(6)	(7)	(8)	(9)

3. 闸站工程

闸站工程管理范围根据闸站工程等级及重要性确定,包括闸站主体工程,上下游引水渠道及消能防冲设施,两岸连接建筑物,上下游及两侧一定宽度范围,水文、观测等附属工程设施及闸站工程管理单位生产生活用的管理区。堤防上的穿堤闸站工程,其管理范围应由堤防工程管理范围统筹确定。

为保护闸站工程安全,在闸站工程管理范围以外划定一定宽度的范围,作为闸站工程的保护范围(表 2.8)。

表 2.8　闸站工程划界标准表

工程名称	工程等级	管理范围线标准	保护范围线标准	备注
(1)	(2)	(3)	(4)	(5)

大中型闸站工程单独划定,小型穿堤闸站工程范围不单独划定,直接归入堤防统一划定范围。

2.4.3　主要河道、堤防及水利工程管理范围

1. 省内主要河道、堤防的管理范围

① 洪泽湖:迎水坡由盱眙县老堆头至二河闸段,防浪林台坡脚外 10 m;二河闸至码头镇段,以顺堤河为界(含水面)。背水坡有顺堤河的,以顺堤河为界(含水面);没有顺堤河的,堤脚外 50 m。

② 骆马湖:迎水坡有防浪林台的,林台坡脚外 10 m;无防浪林台的,堤脚外 30~50 m。背水坡东堤至自排河边,南堤至中运河边,西堤堤脚外 40 m,北堤至顺堤河边。

③ 淮河入海水道堤防按《江苏省淮河入海水道工程管理办法》确定,北堤堤外有调度河的至调度河北子堰外堤脚线征地红线,无调度河的至北堤堤脚

线外征地红线。

2. 主要大中型水库的管理范围

① 大型水库大坝及其两端各 80～100 m、大坝背水坡坝脚外 150～200 m，中型水库大坝及其两端各 50～80 m、大坝背水坡坝脚外 100～150 m。

② 库区水域、岛屿和校核洪水位以下的区域。

③ 水库溢洪河道以及其他工程设施的管理范围按照《江苏省水利工程管理条例》的规定确定。

3. 主要大中型涵闸、抽水站的管理范围

① 大型涵闸、抽水站：上下游河道、堤防各 500～1 000 m；左右侧各 100～300 m。

② 中型涵闸、抽水站、水电站：上下游河道、堤防各 200～500 m；左右侧各 50～200 m。

③ 水利枢纽工程内分别由水利部门和其他部门管理的各类建筑物，凡各自的管理范围已经划分明确的，不再变动；未经划分明确的，在不影响水利工程设施安全管理的前提下，兼顾其他方面的需要，由有关部门根据实际情况具体协商划定，报县级以上人民政府批准。

水利工程管理单位在所管河道和闸站涵工程管理范围划定时，应逐河道、逐水利工程列出省、市、县（区）法律法规及管理处出台文件政策对照表，说明采用的划界依据。当下位法与上位法有矛盾时，服从上位法。

4. 几种特殊情况的处理

工程划定管理范围主要会有以下两种特殊情况需要处理。

① 与湖泊保护范围线重复，有邳洪河大堤、洪泽湖大堤。该段堤防的管理范围线与湖泊保护范围线重合，湖泊已埋有保护界桩，本次对已埋界桩复核，间距过大的，需加密。

② 与周边水利工程的边界处理。各管理处所管河道、堤防、水利工程均与周边河湖和水利工程相接，需与周边河湖和水利工程的直接管理单位对接，明确管理分界线，做好接边处理，做到不重复划定管理范围、不重复埋桩。

2.4.4　安全警戒区

《江苏省河道管理条例》第二十八条规定："涵、闸、泵站、水电站应当设立安全警戒区。安全警戒区由水行政主管部门在工程管理范围内划定，并设立标志。"

当下位法与上位法有矛盾时，服从上位法。当法律、法规、地方性文件无明确规定时，可由水行政主管部门结合水利工程管理实际，在《×××工程划定实施方案》中提出建议，经水利厅批复后确定警戒区划定标准。

水利工程安全警戒区范围应包括闸站主体工程、上下游翼墙、岸墙、上下游进水池、捞草机设施、上下游拦河索范围内水域等对水利工程安全运行有重要影响的区域。

由于大型河道及水利工程大多处在市区及城郊接合部，警戒区范围内市政设施多，与城市有关部门交叉管理，情况复杂，管理不便。应按照尊重历史和结合管理现状的原则，提出安全警戒区划定标准，经水利厅批复后实施。

2.5　总体布置

2.5.1　测绘布置

1. 测图目的

管理范围线的划定，有堤防的，以外堤脚线为基准划定；无堤防的，以河口线为基准划定。其中有堤防，外堤脚线不清晰的，但外堤肩线清晰的，可以外堤肩线为基准划定。涵闸站工程直接以建筑物外缘线为基准划定管理范围线。为较好地表现基准线，需对河湖和水利工程基准线范围修测或新测图纸，根据图纸确定管理范围的基准线，再确定管理范围线，然后在管理范围线上布置管理桩(牌)、告示牌等。

2. 测图要求

底图：水利工程除少量河道和堤防外，大部分为点状工程。为满足划界工作要求，划界工作应采用实测1∶2 000及以上大比例尺地形图。

坐标及高程系：采用2000国家大地坐标系和1985国家高程基准。

3. 测图方案

根据河湖和水利工程的数量、分布特点，对于重点大堤可采用1∶2 000的测图；其他点状的涵闸站和管理区根据管理范围大小，在0.25 km² 以上的采用1∶2 000的测图、以下的采用1∶1 000和1∶500的测图。划界布置，将设计的管理标志，如界桩、界牌、告示牌等布置在管理范围线上。

2.5.2　布置原则

1. 管理线桩(牌)

① 对于已实施管理范围线界桩布置的河道和水利工程,应进行复核,间距过大的加密,已损毁的重新埋设。对于已埋设且位置准确的管理线桩,达到管理效果的,原则上不重新制作,可以考虑桩上喷编号,内业整理统一编号。

② 桩(牌)间距和顺序确定。设置河道、堤防管理线桩(牌)时,城市(镇)段桩(牌)间距一般不大于 100 m,非城市(镇)段桩(牌)间距一般不大于 200 m;桩(牌)布设顺序按河道行洪、排涝方向自上而下,面向下游分左、右编号;设置闸站工程桩(牌)时,在其管理范围内顺时针布设界桩。

河道和水利工程利用护栏作为管理范围标识的,管理界桩布置间距可适当加大。

若遇建筑物或其他特殊情况无法埋设管理线界桩时,可考虑埋设界牌、线牌或挂牌,或者设移位点。

③ 有下列情况应增设桩(牌):码头、桥梁等重要涉水项目处;河道和水利工程转角(角度小于 120°)处;水事纠纷和水事案件易发地段或行政界处。

④ 在相邻河道和水利工程处埋设界桩时,根据其级别埋设界桩,若平级,则以布桩的顺序确定。

⑤ 界桩点位能控制河湖和水利工程管理范围边界的基本走向。

2. 告示牌

按不长于 2 km 的管理范围设置告示牌。其中,对重要河道、人口密集或人流聚集的河岸应加密。

3. 接边处理

水利工程都不是独立的,涉及上下游、左右岸其他水利工程,划定管理范围时需考虑接边处理。

对于独立和跨河建筑物,在与河道管理范围交汇处需设置公共界桩,并按照建筑物管理范围的界桩埋桩。

对于穿堤建筑物,单独设立界桩,在管理范围交汇点设置公共界桩。

相邻建筑物,管理范围有重合的,管理范围交汇点需设置公共界桩。公共界桩按主要建筑物管理范围埋桩、编号。交汇区域内不再埋设管理范围线界桩。

4. 界桩、界牌编号

根据水利工程管理单位现状管理情况，主要管理工程有堤防、湖泊堤防和闸站工程，界桩、界牌编号具体要求应符合《江苏省河湖和水利工程管理范围划定成果信息采集技术要求（试行）》，相关要求如下。

（1）河道。

界桩编号起始点选择河道源头或县级行政边界处，桩（牌）布设顺序按河道行洪、排涝方向自上而下，面向下游分左、右编号。

编号格式：××H-××-L0008。其中，××H为××河拼音缩写，××为××水利工程管理处拼音缩写；L代表左岸，R代表右岸。

（2）湖泊。

界桩编号起始点选择主坝（堤）一侧、县级行政边界处、重要的入湖及出湖河道、重要的水工建筑物等处，按顺时针方向依次编号，首先对主坝（堤）管理范围界桩进行编号。

编号格式：××H-××0003。××H为××湖拼音缩写，××为××水利工程管理处拼音缩写，0003为第三根界桩。

（3）闸站。

独立闸、站选择上游（主要运行工况水流方向）右岸管理范围界桩作为起始点，按顺时针方向依次编号。

编号格式：××Z-××0003。××Z为××站拼音缩写，××为××水利工程管理处拼音缩写，0003为第三根界桩。

对于交汇和相邻建筑物，公共界桩按主建筑物管理范围编号；交汇区内可设虚拟界桩，不埋桩、不编号。

（4）加密界桩编号。

若在已立界桩之间需要加埋界桩时，其界桩编号在上一个原有界桩号后加"-"再加数字序号，保证同一河湖和水利工程界桩编号不重复，如"××H-××0003-1""××Z-××0003-2"，界桩简码则为3-1、3-2等。

河道、湖泊、涵闸、泵站等名称，应严格对照水利普查中的名称，如无法一致应说明。公共界桩在一般界桩的基础上，顶部采用红色油漆喷涂，以示区别。

（5）移位界桩编号。

界桩理论位置在实地因故无法埋设，必须进行横向移位时，应测量出实际位置的点坐标,并编制《××河道(湖泊、水利工程)管理范围划界测量移位界桩点》,注明移位信息,其编号不变。

2.6　划界工作底图测绘

1. 明确测绘范围

对管理区域范围全部测量。

2. 确定图幅规格

(1) 图名按河湖和水利工程分别编制。其中,河湖名称:×××河(湖)×××(区县名称)河段(湖区)管理(保护)范围地形图;闸站工程名称:×××水闸(泵站)管理(保护)范围地形图。

(2) 图幅采用国家标准分幅,地形图编号采用流水编号法,在一个区县内按河道自西向东或从北向南流水编号,按照河道编制图幅拼接表。

3. 测绘仪器

(1) 测图、界线测量、放样可采用 GPS、全站仪进行。

(2) 所用测量仪器必须经有资质的单位检定合格并在有效期内。

4. 控制测量技术要求

(1) 测区引用的起始平面控制点须为五等以上 GPS(GNSS)点或导线点,起始高程控制点须为四等以上水准点。

(2) 所有引用的控制点须有可追溯的来源并符合相应技术规定。

(3) 采用 GPS-RTK 测量控制点时,应采用能控制整个测区范围且分布均匀的不少于 3 个控制点进行参数转换,平面坐标转换残差应小于 ± 2 cm。RTK 控制点测量转换参数的求解,不能采用现场点校正的方法进行。

(4) 每次作业开始前或重新架设基准站后,均应进行至少一个同等级已知点的检核,平面坐标较差不应大于 ± 7 cm。

(5)RTK 高程控制测量应符合《全球定位系统实时动态测量(RTK)技术规范》(CH/T 2009—2010)5.3 节的要求。

5. 界桩测量放样技术要求

(1) 根据测图资料,选择先内业后外业的工作方式。

内业依据测图确定河道堤防堤脚线、堤肩线和建筑物外缘线,再绘制管理范围线,预布拐点界桩;外业对界桩点位置进行放样测量,并校核成果。

（2）界桩点应尽量设置在田块的交界处、田埂边、河塘边、道路边等不影响耕作和通行的位置。界线拐点处应设置界桩，圆弧段应加密以准确反映出界线走向为原则。

（3）界桩理论位置在实地因故无法埋设，必须进行横向移位时，应测量出实际位置的点坐标，并编制《××河道（湖泊、水利工程）管理范围划界测量移位界桩点》注明移位信息。内业在界线图上应对此类移位界桩点做明确标示，并在界桩点成果表中标注。

（4）一般情况下要求采用 JSCORS、RTK 技术进行界桩点放样，也可采用全站仪极坐标法进行放样。

（5）当采用全站仪在基本控制点上不能直接放样时，也可采用在图根导线点或增设支线点上放样。增设支线点不能超出 2 站；使用全站仪放样时，边长不宜超过 300 m。

（6）界桩点放样前应对测站和方向点的坐标和高程进行检核，满足规范要求后方能进行放样。

（7）界桩点相对于邻近控制点的点位中误差不应大于±10 cm。

6. 测量成果

（1）测图成果。

根据现有管理工程量测算测图工作量。

（2）管理线成果图。

在地形图上绘制管理范围线成果图，包括管理范围线、界桩、界牌和告示牌及界桩、界牌坐标。具体绘图要求如下：

① 河道管理界线图上用红色实线绘制河道管理范围线，线宽为 0.6 mm。

② 河道管理范围界线桩点用红色圆圈表示，直径 1.5 mm，桩点符号内线条做掏空处理，界桩编号在桩位旁标注，不要压盖河床，等线体字高 2.0 mm，颜色为红色。

③ 河道管理范围界线图上应适当标注特征拐点的坐标，采用引线标注，HZ 字体、字高 2.0 mm，颜色为玫红色；无拐点的顺直河段按 1 km 间距标注。

④ 根据图面负载适当注记、清晰匀称的原则，标注相邻界桩点间距，字头朝向河道内侧垂直管理范围线注记，HZ 字体、字高 1.5 mm。

⑤ 河道管理界线图的分幅、字体规格、图框注记整饰等应按《国家基本比例尺地图图式》（GB/T 20257）要求操作。

（3）其他成果。

根据测图、放样、定桩确定测绘成果，除了绘制管理线成果图，还需完成下列成果：

① 控制点（放样起算点）成果表。

② RTK 测量七参数转换报告或导线测量平差计算报告。

③ 已知点检测校核表。

④ 移位界桩点设计。

⑤ 界桩身份证成果（说明界桩所在位置、河段、坐标）、点位略图和界桩照片。

⑥ 河道管理范围线界桩点坐标成果表。

2.7　划界桩（牌）设计

1. 划界工作流程（图 2.1）

（1）委托设计单位编制《厅属管理处河湖和水利工程管理范围划定总体实施方案》。

（2）组建项目法人，按照江苏省发展和改革委员会批复的实施方案通过招投标确定勘界定桩单位。

（3）中标单位进行图纸作业、划界定桩，形成统计表。

（4）现场勘界上桩，埋设标示牌。

（5）内业整理、修正图纸，编制数据库入库格式。

（6）编制划界报告，并提请报告验收。

（7）委托具有相关资质的第三方进行抽检、验收。

（8）由水利厅会同工程所在地人民政府对划界成果发布公告。

2. 桩（牌）设计

（1）管理线界桩设计（图 2.2）。

结构：选用钢筋混凝土结构，预制安装，混凝土标号选用 C30。

设计规格：形状为长方形柱体，高度 1 000 mm，横截面长 150 mm×宽 100 mm。四角切除棱角，切除棱角边长 10 mm。

埋置标示：在向河道（湖泊、水利工程）面喷涂"严禁破坏"（竖排，字规格为 100 mm×100 mm）；背河道（湖泊、水利工程）面喷涂"严禁移动"（竖排，字规格为 100 mm×100 mm）。字体为黑体，颜色为蓝色，字间距 20 mm。向河

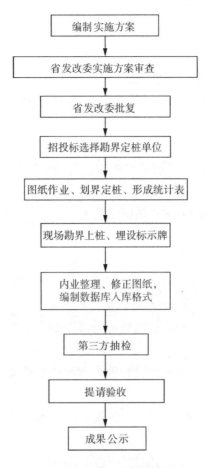

图 2.1　划界工作流程图

道(湖泊、水利工程)面左侧面从上至下分别刻注水利标志(蓝色,长100 mm×宽 210 mm),河道、湖泊、水利工程名(红色,字规格为 30 mm×30 mm,字间距 10 mm,字数超过 4 个排两行、行间距 10 mm),"管理范围线"(蓝色,字规格为 22 mm×22 mm,字间距 10 mm,与水利工程名称间距 20 mm),并留出部分空间以喷涂编码(字规格为 10 mm×20 mm,红色,以武定门闸为例,其他河道编码字高度不变、宽度适当调整);在向河道(湖泊、水利工程)面右侧面刻注"江苏省人民政府"(红色,竖排,字规格为40 mm×40 mm)。以上内容(除"江苏省人民政府"为阴文外)均为喷绘,其中编码字体为长仿宋,其余字体为隶书。整个管理界桩盖顶刷亮蓝色,厚度 15 mm。以上设计中,数量较多的文字,可适当调整其大小,以美观、清晰为宜。

制作材料:钢筋混凝土预制或大理石。混凝土安装时基础现浇(混凝土标号不低于C20)。

埋设要求:地面以下 600 mm,地上露出 400 mm,下设 100 mm C20 混凝土垫层,回填时先回填 C20 混凝土 300 mm,再回填土 250 mm,保证填筑密实。界桩埋设时,"严禁移动"面应背向河道(湖泊、水利工程),并与岸线平行。界桩垂直方向上偏斜不应超过 5°;水平方向上与河道岸线夹角偏斜不应超过 15°。

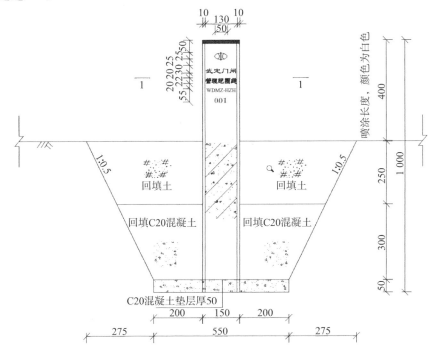

图 2.2　管理线界桩结构图(单位:mm)

(2) 管理线界牌(图 2.3)。

结构:一般地区选用预制钢筋混凝土结构,城区根据景观要求可选用大理石。混凝土标号 C30。

设计规格:形状为长方形,长 400 mm×宽 300 mm。立面做阴文(除编码喷涂外),从上至下分别刻注水利标志(蓝色,长70 mm×宽40 mm)、江(河、水利工程)名(红色,以武定门闸为例,字规格为40 mm×40 mm,间距 7 mm,其他河道字高不变,宽度适当调整)、"管理范围线"(蓝色,字规格为30 mm×30 mm,间距 5 mm)、编码(红色,规格为25 mm×25 mm,间距 5 mm)、"江苏省人民政府"(红色,字规格为20 mm×20 mm,间距5 mm)。其中编码字体为长仿宋,其余字体为隶书。以上标志及文字均居中,对于数量较多的文字,可适当调整其大小,以美观、清晰为宜。

安装要求:嵌入式、壁挂式、斜式。界牌安装时应基本面向河道,且处于醒目位置。其中,嵌入式界牌和壁挂式界牌,垂直方向上偏斜不应超过5°;水平方向上与河道岸线夹角偏斜不应超过45°;斜式界牌,埋设时其与地面约呈30°夹角,低侧距地面约20 mm,高侧距地面约170 mm。

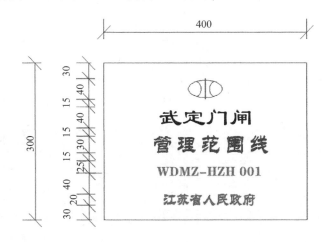

图2.3 管理线界牌立面图(单位:mm)

(3)简易管理线界牌。

结构:预制400 mm×300 mm长方形铁片,背景颜色为银白色。

设计规格:形状为长方形,长400 mm×宽300 mm。从上至下分别喷印水利标志(蓝色,长70 mm×宽40 mm)、江(河、水利工程)名(红色,以武定门闸为例,字规格为40 mm×40 mm,间距7 mm,其他河道字高不变,宽度适当调整)、"管理范围线"(蓝色,字规格为30 mm×30 mm,间距5 mm)、编码(红色,字规格为25 mm×25 mm,间距5 mm)、"江苏省人民政府"(红色,字规格为20 mm×20 mm,间距5 mm)。其中编码字体为长仿宋,其余字体为隶书。以上标志及文字均居中,数量较多的文字,可适当调整其大小,以美观、清晰为宜。

安装要求:壁挂式。线牌应基本面向河道,且处于醒目位置。

(4)告示牌(图2.4)。

设计规格:告示牌总宽1 600 mm,高2 300 mm(地面以上),其中面板尺寸 1 500 mm×1 000 mm(宽×高)。告示牌正面标书政府告示,反面为有关水法律法规宣传标语(蓝底白字)。

制作材料:根据抗风能力分析,内陆地区采用ϕ80 mm不锈钢管做支架;沿海地区采用ϕ100 mm不锈钢管做支架。面板采用铝反光面板制作,底座采用C20混凝土浇筑。

埋设要求:内陆告示牌立柱管埋入地下 900 mm,四周浇筑混凝土底座,底座厚 400 mm,浇筑混凝土平面尺寸 500 mm×1 100 mm(垂直告示牌方向),上面再覆土厚 500 mm、压实;沿海、沿湖、沿江告示牌立柱管埋入地下900 mm,四周浇筑混凝土底座,底座厚 400 mm,浇筑混凝土平面尺寸 500 mm×1 300 mm(垂直告示牌方向),上面再覆土厚 500 mm、压实。垂直方向上偏斜不应超过 5°;水平方向上与河道岸线夹角偏斜不应超过 15°。

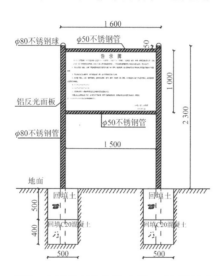

图 2.4　沿海、内陆管理范围告示牌正立面图(单位:mm)

(5) 管理区域分界牌设计(图 2.5)。

考虑到各管理单位对河湖管理范围按事权划分、分级管理或分界管理等,需明确各自管理区域的分界线,明示管理区域。

设计规格:形状为长方形,长 500 mm×宽 400 mm。立面做阴文,字体为隶书,上部左侧刻注水利标志(蓝色,长 140 mm×宽 80 mm),右侧为"管理区域界牌"字样(蓝色,字规格为 40 mm×40 mm,间距为 7 mm);下部刻注江(河、水利工程)名(红色,字规格为 40 mm×40 mm,字间距 7 mm,其他河道字高不变,宽度适当调整),其下分两部分刻注管理单位名称(蓝色,字规格为

30 mm×30 mm,间距 5 mm)。

制作材料:界牌采用铁板、铝合金板、石材等坚固耐用的材料;下部立柱采用 ϕ50 mm 不锈钢管。

埋设要求:单柱体支撑,界牌应处于醒目位置。垂直方向上偏斜不应超过 5°;水平方向上与河道岸线夹角偏斜不应超过 45°。

辅助材料:不锈钢管立柱内灌细石混凝土或砂浆;底座 500 mm×1 000 mm×400 mm(厚度),上部填土 100 mm 厚。

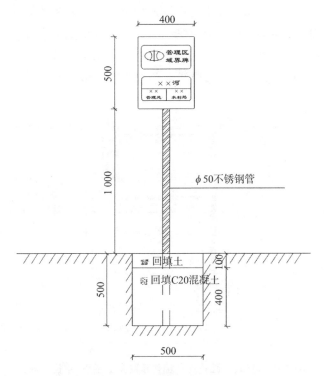

图 2.5　管理区域分界牌示意图(单位:mm)

(6)移位点设计。

移位点设计结构尺寸与界桩一致,只是正面描述增加移位点和移位点的相对距离,详见图 2.6。

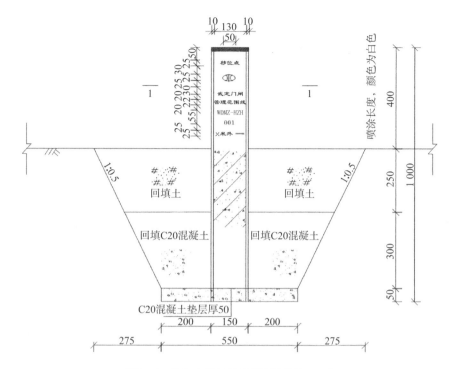

图 2.6 移位点设计正立面图(单位:mm)

3. 告示牌稳定计算

(1) 海岸、湖岸、江岸边的公告牌。

竖管可采用 $\phi 100$ mm 不锈钢管,内灌细石混凝土或砂浆;底座 0.5 m×1.3 m(垂直告示牌)×0.4 m(厚度),上部覆土 0.5 m 厚;风荷载据《水工建筑物荷载设计规范》(DL 5077—1997)12.1.1 公式计算,基本风压取 50 年重现期的风压 0.55 kN/m² 。计算结果如下(表 2.9)。

表 2.9 海岸、湖岸边告示牌(ϕ 100 mm 不锈钢管)底座稳定及基底应力计算成果表

竖向荷载(kN)	水平荷载(kN)	弯矩(kN·m)	P_{max}(kN/m²)	P_{min}(kN/m²)	平均P(kN/m²)	偏心矩(m)	K_c	η
12.87	0.45	7.15	28.4	11.2	19.8	0.094	7.17	2.54

计算过程:

① 荷载 $W = \beta_z \mu_z \mu_s \omega_0 HL = 1×0.8×(1.38+1.17)/2×0.55×1×0.8 = 0.4488 \approx 0.45$ kN。

② $\phi 100$ mm 不锈钢管及管内混凝土自重 $= 3.14×5^2/10000×2.3×$

25＝0.451 375≈0.45 kN。

③ 底座上部土重（埋深 0.5m）＝1.2×0.5×0.5×19＝5.70 kN。

④ 底座自重＝1.2×0.5×0.5×24＝7.20 kN。

⑤ 底座与地基抗滑系数 f 取 0.25。

（2）内陆告示牌。

竖管采用 ϕ 80 mm 不锈钢管，内灌细石混凝土或砂浆；底座 0.5 m×1.1 m（垂直告示牌）×0.4 m（厚度），上部覆土 0.5 m 厚；风荷载据《水工建筑物荷载设计规范》（DL 5077—1997）12.1.1 公式计算，基本风压取 50 年重现期的风压 0.40 kN/m²。计算结果如下（表 2.10）。

表 2.10　内陆告示牌（ϕ 80 mm 不锈钢管）底座稳定及基底应力计算成果表

竖向荷载(kN)	水平荷载(kN)	弯矩(kN·m)	P_max(kN/m²)	P_min(kN/m²)	平均P(kN/m²)	偏心矩(m)	K_c	η
10.79	0.33	5.06	28.4	10.9	19.6	0.082	8.27	2.61

计算过程：

① 荷载 $W=\beta_z\mu_z\mu_s\omega_0HL$＝1×0.8×(1.38＋1.17)/2×0.40×1×0.8＝0.326 4≈0.33 kN。

② ϕ 80 mm 不锈钢管及管内混凝土自重＝3.14×4²/10 000×2.3×25＝0.288 88≈0.29 kN。

③ 底座上部土重（埋深 0.5m）＝1.1×0.5×0.5×19＝5.23 kN。

④ 底座自重＝1.1×0.5×0.5×24＝6.60 kN。

⑤ 底座与地基抗滑系数 f 取 0.25。

4. 界桩编码要求

河道：界桩编号起始点、桩（牌）布设顺序按河道行洪、排涝方向自上而下，面向下游分左、右编号。

湖泊：界桩编号起始点选择主坝（堤）一侧、县级行政边界处、重要的入湖及出湖河道、重要的水工建筑物等，按顺时针方向依次编号，首先对主坝（堤）管理范围界桩进行编号。

闸站：独立闸、站选择上游（主要运行工况水流方向）右岸管理范围界桩作为起始点，按顺时针方向依次编号。

加密界桩编号：若在已立界桩之间加埋界桩，其界桩编号在上一个原有界桩号后加"－"再加数字序号，保证同一河湖或水利工程界桩编号不重复。

接边处理：厅属管理处所管水利工程均存在与其他水利工程管理范围邻

接的情况,需考虑管理范围线的接边处理,主要是跨河建筑物和相邻建筑物的接边处理,交接处需设立公共界桩,并进行编号。数据入库时,按信息化采集要求一并入库。

2.8　划定信息化

2.8.1　信息化布置

划界数据信息化工作主要包括两个部分:其一,管理范围划定成果应符合省水利信息管理平台数据格式要求,确保信息化的成果与水利信息平台无缝对接,建立省、市、县(市、区)三级一体的互联共享的划界数据库和管理系统;其二,划界确权成果和地方国土资源局、规划局信息化成果进行对接,为登记发证、规划管控提供准确的成果,将管理范围线落到国土规划控制图上,同时建立各部门之间数据的互联共享。

将划界、确权采集的坐标成果进行数据处理,结合划界、确权各管理处和各县工作界,依据《江苏省河湖和水利工程管理范围划定成果信息采集技术要求(试行)》,分别完成划界、确权相关要素的矢量数据采集工作。

2.8.2　信息化步骤及内容

(1)将已采集的测量控制点、管理范围界桩点、权属范围界址点、告示牌位置点、基准线修测点的坐标成果进行展点处理,得到相应的矢量点数据,成果属性应完整,内容应正确。

(2)根据已有的管理范围界桩点矢量数据,采集管理范围线矢量数据,成果属性应完整,内容应正确;管理范围界桩点矢量数据与管理范围线矢量数据的拓扑关系应正确。

(3)根据已采集的管理范围线矢量数据,依据相应的划界标准,采集保护范围线矢量数据;管理范围线矢量数据与保护范围线矢量数据相互关系应正确。

(4)根据已有的权属范围界址点矢量数据,采集权属范围线矢量数据,成果属性应完整,内容应正确;权属范围界址点矢量数据与权属范围线矢量数据的拓扑关系应正确。

(5)根据已有的基准线修测点矢量数据,采集基准线矢量数据,成果属性应完整,内容应正确;基准线修测点矢量数据与基准线矢量数据的拓扑关系应正确;基准线矢量数据与管理范围线、保护范围线矢量数据相互关系应正确。

(6) 根据已有的管理范围线矢量数据,结合划界、确权县级工作界,采集管理范围面矢量数据,成果属性应完整,内容应正确;管理范围线矢量数据与管理范围面矢量数据的拓扑关系应正确。

(7) 根据已有的保护范围线矢量数据,结合划界、确权县级工作界,采集保护范围面矢量数据,成果属性应完整,内容应正确;保护范围线矢量数据与保护范围面矢量数据的拓扑关系应正确。

(8) 根据已有的权属范围线矢量数据,结合划界、确权各管理处和各县的工作界,采集权属范围面矢量数据,成果属性应完整,内容应正确;权属范围线矢量数据与权属范围面矢量数据的拓扑关系应正确。

2.8.3　信息采集

按照江苏省河湖和水利工程管理与保护范围划定工作的要求,信息采集数据用于江苏省水利地理信息服务平台及相关水利地理信息服务平台管理。信息采集由以下几部分组成。

1. 界桩数据采集

以 JSCORS 系统为基础,利用 GPS-RTK 等对管理范围界桩(界桩中心点)进行现场测量、数据采集,经数据转换和校正后形成数据成果。外业数据采集由测量单位实施。

2. 属性数据采集

按《江苏省河湖和水利工程管理范围划定成果信息采集技术要求(试行)》(苏水管〔2015〕136 号)填写《江苏省划界确权成果信息化编码及属性表》。

3. 数据编码

按《江苏省河湖和水利工程管理范围划定成果信息采集技术要求(试行)》(苏水管〔2015〕136 号)编码。

第三章

管理范围及警戒区划定组织实施

3.1 条件

交通：场外交通条件应尽量保证所管工程附近有堤顶道路、堤后道路或处于交通干线上，与县、乡道及高速公路相通，陆路交通发达，方便材料的运输。

天气：江苏省内的工程区地处苏北平原区和苏南平原区，属于亚热带向暖温带过渡的地带，具有明显的季风气候特点，气候湿润，四季分明，无霜期较长，日照充裕，雨量丰沛。每月施工有效天数平均约 22 天。

水电：各工程均有一定的管理范围，为工程施工提供了施工场地。各工程管理区均设有相应的管理所，为工程施工提供了水源和电的条件，可就近解决水电问题。

3.2 设计

（1）河湖和水利工程管理线范围地形图测量和成果信息化。

（2）界桩、界牌、告示牌制作安装，实地放样。

成果信息化，即依托水利厅河湖管理信息平台的开发，划界确权成果基础数据库入库；同时将划界范围线落到国土规划图上，加强国土、规划部门的空间管控，确权成果地籍信息化。

3.2.1 划界确权测绘及信息化方案

1. 测绘方案

为满足划界工作要求,划界工作可采用实测 1∶1 000 及以上大比例尺地形图。坐标及高程系可采用 2000 国家大地坐标系和 1985 国家高程基准。

根据工程分布特点,点状的涵闸站根据管理范围大小可采用 1∶1 000 和 1∶500 的测图。

2. 信息化布置

将划界、确权成果采集的坐标成果进行数据处理。依据《江苏省河湖和水利工程管理范围划定成果信息采集技术要求(试行)》,分别完成划界、确权相关要素的矢量数据采集工作,并将测量控制点、管理范围界桩点、权属范围界址点、基准线、管理范围线、权属范围线及管理范围面和权属范围面录入水利地理信息平台系统和国土信息系统。

3.2.2 管理线桩(牌)方案设计

埋设界桩,桩(牌)间距可按 100～200 m 布设,桩(牌)布设、编号顺序按河道行洪、排涝方向自上而下,面向下游分左、右编号;设置闸站工程桩(牌)时,在其管理范围顺时针布设界桩;界桩点位能控制河湖和水利工程管理范围边界的基本走向。

需考虑与其他水利工程管理范围的接边处理,与其他水利工程管理区域分界指示。按此原则进行管理范围线界桩、界牌、告示牌布置,确定水利工程管理处管理范围界线测绘的总长度,埋设界桩、告示牌、管理区域分界牌的个数。

界桩、界牌结构以钢筋混凝土为主,城区若有景观要求可以考虑大理石结构。界桩结构尺寸为 0.15 m×0.10 m×1.0 m(宽×厚×高),其中埋入地下 0.60 m 深,采用混凝土基础稳固;界牌尺寸为 0.40 m×0.30 m;告示牌总宽1.6 m,高 2.3 m(地面以上),其中面板尺寸为 1.5 m×1.0 m(宽×高),内陆地区立桩一般采用 ϕ 80 mm 不锈钢管做支架,底座采用混凝土填埋。

3.2.3 权属界桩方案设计

管理范围已确权和新增确权范围领取不动产权证书、进行地籍信息化、埋设权属界桩。权属界桩根据《地籍调查规程》(TD/T 1001—2012)一般权属桩设计形式,采用混凝土界桩和带铝帽的钢钉界桩。

3.3　测算

3.3.1　工程管理范围

1. 概述

根据《省政府办公厅关于开展河湖和水利工程管理范围划定工作的通知》(苏政办发〔2015〕76 号),要求依法依规和相关管理规定划定管理范围,埋设管理界桩、设置宣传告示牌,对管理范围明确、没有争议的领取土地使用权证。水利工程管理单位开展所管河湖和水利工程的管理范围划定工作,主要工作内容有现场测绘和成果信息化、界桩界牌告示牌制作安装。

2. 编制原则及内容

(1)采用定额及相关资料。

①《江苏省水利工程设计概(估)算编制规定》(2017 年修订版)。

②《江苏省水利工程概算定额(建筑工程)》(2012 年版)。

③《江苏省水利工程概算定额(安装工程)》(2012 年版)。

④《江苏省水利工程概算定额建筑工程、安装工程动态基价表》(2019 年含税版)。

⑤《江苏省水利工程施工机械台时费定额》。

⑥《工程造价管理》信息价。

⑦《关于印发〈测绘生产成本费用定额〉及有关细则的通知》(财建〔2009〕17 号)。

(2)人工及材料单价。

① 人工单价(表 3.1)。

人工单价:执行编制规定标准,分为工长、高级工、中级工、初级工(施工机械台时单价中,其人工预算单价均按中级工工时标准计算)。

表 3.1　人工单价表

名称	工长	高级工	中级工	初级工
单位	h	h	h	h
价格(元)				

② 主要大宗材料单价（表3.2）。

表3.2　主要大宗材料单价表

名称	水泥 32.5级	水泥 42.5级	黄砂	碎石	块石	钢筋	汽油	柴油	电
单位	t	t	t	t	t	t	t	t	kW·h
价格（元）									

③ 主要设备预算价格（表3.3）。

设备通过询价获取综合价。

表3.3　主要设备单价表

序号	项目名称	单位	单价（元）
1	计算机	台	
2	电子水准仪	台	
3	GPS卫星定位系统测绘系统	套	
……	……	……	……

④ 施工机械台时费单价：按《江苏省水利工程施工机械台时费定额》（2017年版）编列。

⑤ 其他取费费率：按《江苏省水利工程设计概（估）算编制规定》（2017年修订版）。

⑥ 环境保护设计和水土保持设计概算按相关编制规定和定额采用。

⑦ 确权征地补偿费按《省政府关于调整征地补偿标准的通知》（苏政发〔2011〕40号）和《市政府关于调整征地补偿标准的通知》（淮政发〔2011〕104号）采用。

3. 划定及信息化概算（表3.4）

表3.4　划定费用表（含信息化数据入库费用）

序号	项目	概算（万元）	其中			
			建筑工程费（万元）	安装工程费（万元）	设备费（万元）	独立费用（万元）
一	建筑工程					
（一）	管理处					
1	测绘及信息化					
2	桩（牌）制作安装					

（续表）

序号	项目	概算（万元）	其中			
			建筑工程费（万元）	安装工程费（万元）	设备费（万元）	独立费用（万元）
二	临时工程					
（一）	施工场外交通工程					
（二）	其他临时工程					
三	独立费用					
（一）	项目建设管理费					
（二）	工程建设监理费					
（三）	科研勘测设计费					
1	工程设计费					
（四）	其他费					
1	工程质量检测费					
2	工程咨询审查费					
3	工程审计费					
四	第一～第三部分合计					
五	预备费					
1	基本预备费					
2	价差预备费					
六	建设期融资利息					
七	静态投资（第四＋第五－1）					
八	总投资（第五－2＋第六＋第七）					

4. 河湖和水利工程管理范围线信息化录入费用

（1）管理范围线信息化单价和工程。

根据《关于印发〈测绘生产成本费用定额〉及有关细则的通知》（财建〔2009〕17 号）（以下简称《测绘生产成本费用定额》），按 1∶2 000 入库、1∶1 000入库、1∶500 入库。

（2）管理范围线录入水利信息系统平台信息化费用。

（3）管理范围线录入国土规划图信息化费用。

3.3.2 安全警戒区

1. 经费测算

经费测算编制依据同 3.3.1。

2. 经费组成及计算标准(表 3.5、表 3.6)

(1)费用计算标准。

① 界桩(牌)预制及安装,考虑制作、运输、埋设。

② 警示牌预制及安装。

③ 界线测绘:《测绘生产成本费用定额》中,界线测绘(Ⅱ类)、划界测量按照"省、市、县界测绘定额"的 60% 计;1:500 数据库入库(Ⅱ类)。

④ 地形图测绘:根据《测绘生产成本费用定额》,1:500 地形数据采集与成图(Ⅱ类),包括野外地形数据采集与编辑,以测图面积计算,不足 1 幅图时按照 1 幅计算。

⑤ 建设管理费:按照警戒区范围界线长度计算。

⑥ 成果应用管理信息化,按项计算。

⑦ 宣传活动费用,按次计算。

⑧ 教育培训费用,按次计算。

(2)相关费率。

基本预备费:5%。

表 3.5　界桩综合单价测算表　　　　　单位:100 个

工程或费用名称	单位	数量	单价(元)	复价(元)	备注
一、土方工程					
土方开挖	100 m³				
土方回填	100 m³				
电动打夯机夯实土方干密度(g/cm³)≤1.55	100 m³				
二、混凝土工程					
露天回填混凝土	100 m³				
C20 混凝土垫层	100 m³				
C20 混凝土预制桩	100 m³				
汽车运预制混凝土小型构件运距(km)≤15	100 m³				

（续表）

工程或费用名称	单位	数量	单价（元）	复价（元）	备注
预制桩人工搬运安装	个				
钢筋制作及安装	t				
油漆费	个				
三、模板工程					
普通组合钢模板底部结构	100 m³				
合计					

表 3.6　警示牌综合单价测算表　　　　　单位：100 个

工程或费用名称	单位	数量	单价（元）	复价（元）	备注
一、土方工程					
土方开挖	100 m³				
土方回填	100 m³				
电动打夯机夯实土方	100 m³				
二、混凝土工程					
露天回填混凝土	100 m³				
C20 混凝土垫层	100 m³				
钢筋制作及安装	t				
三、安装工程					
铝面板警示牌制作	个				
汽车运预制混凝土小型构件运距（km）≤15	100 m³				
警示牌人工搬运安装	个				
普通组合钢模板底部结构	100 m³				
贴膜费	个				
M16 膨胀螺丝	个				
合计					

3.3　经费预算成果

根据工程量估算安全警戒区范围划定投资金额（万元）。

围栏制作安装及视频监控系统建设所需经费，在其专项实施方案编制时另行测算。

工作量统计见表 3.7。

表 3.7　安全警戒区划定工作量统计表

序号	水利工程名称	界桩(牌)	警示牌(个)	界线测绘(m)	界线入库(幅)
1					
2					
3					
总计					

注：测绘定额规定，单个建筑物测量面积不足 1 幅的 1∶500 比例尺地形图按标准图幅计算。

安全警戒区划定经费预算见表 3.8。

表 3.8　安全警戒区划定经费预算表

序号	项目名称	计量单位	工程量	综合单价 (元)	复价 (万元)	备注
1	界桩预制及安装	个				
2	警示牌制作与安装	个				
3	界线测绘	m				
4	1∶500 地形图测绘	幅				
5	建设管理费	km				
6	成果应用管理信息化	项				
7	宣传活动	项				
8	教育培训	项				
9	基本预备费	项				按(1~8 之和)×5%
总投资						

3.4　施工

3.4.1　勘界定牌实施

1. 施工单位选择及资质要求

根据《关于印发〈测绘资质管理规定〉和〈测绘资质分级标准〉的通知》(国

测管发〔2014〕31 号),警戒区范围划定工作资质要求:现场界桩(牌)埋设和测量单位应具有国家测绘行政主管部门颁发的乙级(含乙级)以上测绘资质,测量范围包含水利工程测量、不动产测绘、地理信息系统。

围栏制作安装及视频监控系统建设由管理处根据项目计划另行组织实施。

2. 坐标系及高程基准

坐标系可采用 2000 国家大地坐标系,原有资料图件统一转换到相应坐标系统;高程基准可统一采用 1985 国家高程基准。

3. 图幅规格

(1)安全警戒区范围划定工作底图可利用前期划界成果中的 1∶500 水利工程地形图,底图范围要包含相应闸站安全警戒区的范围。

(2)图名按水利工程分别编制。闸站工程名称为:×××水闸(泵站)安全警戒区范围地形图。

(3)图幅采用国家标准分幅,地形图编号采用流水编号法。警戒区划定按河道自西向东或从北向南流水编号,按照河道编制图幅拼接表。

4. 控制测量技术要求

(1)测区引用的起始平面控制点不低于五等 GPS(GNSS)点,起始高程控制点不低于四等水准点。

(2)所有引用的控制点须有可追溯的来源并符合相应技术规定。

(3)采用 GPS-RTK 测量控制点时,应采用能控制整个测区范围且分布均匀的不少于 3 个控制点进行参数转换,平面坐标转换残差应小于±2 cm。RTK 控制点测量转换参数的求解,不能采用现场点校正的方法进行。

(4)每次作业开始前或重新架设基准站后,均应进行至少一个同等级已知点的检核,平面坐标较差不应大于±7 cm。

5. 地形图修测和数字化测绘

(1)对地形图要进行修测和数字化。地形图修测前,应对河道闸站进行踏勘,确定修测的范围,制定修测方案,对于重点地物线应采用坐标采集的方法进行修测。

(2)水利工程采用 1∶500 数字化测绘。数字测绘可采用全站仪或 RTK 等方法全野外采集,外业数据采集可采用编码法、草图法或内外业一体化等方法。

(3)地形数字化。所有地形资料均应数字化,所有划界的警示桩、牌、围栏均要定测坐标展绘于地形图上,各类符号的绘制应采用绘图软件生成。

(4)地形图上地物点相对于邻近图根点的平面位置允许中误差按表 3.9 的规定执行。

表 3.9　地物点位置允许中误差

测图比例尺	平地、丘陵地形(图上 mm)	山地、高山地形(图上 mm)
1：500～1：2 000	±0.5	±0.75

注:隐蔽困难地形地物点平面位置测量允许中误差可为规定的 1.5 倍。

6. 界桩(牌)、警示牌、围栏测量放样技术要求

(1)内业划好警戒线并采集警戒线拐点坐标,外业对界桩点位置进行放样测量,并校核成果。对于实地变化或高程明显不符(相差大于 20 cm)的界桩点应实地进行调整并展绘上图调整已划界线。

(2)警示牌尽量设置在路口、桥边等人流量大的地方。

(3)一般情况下要求采用 GNSS RTK(JSCORS 或单基站 RTK)进行点放样,也可采用全站仪极坐标法进行放样。

(4)当采用全站仪在基本控制点上不能直接放样时,也可采用在图根导线点或增设支线点上放样。增设支线点不能超出 2 站。使用全站仪放样时,边长不宜超过 300 m。

(5)界桩点放样前应对测站和方向点的坐标和高程进行检核,满足规范要求后方能进行放样。

(6)界桩、警示牌、围栏埋设位置相对于邻近控制点的点位中误差不应大于 ±10 cm。

7. 安全警戒区范围线图绘制

(1)安全警戒区范围线图上用蓝色实线绘制,线宽为 0.6 mm。

(2)界桩(牌)点用蓝色圆圈表示,直径 1.5 mm,桩点符号内线条做掏空处理,界桩编号在桩位旁标注,不要压盖河床,等线体字高 2.0 mm,颜色为蓝色。

(3)警戒线图上应适当标注特征拐点的坐标,采用引线标注,HZ 字体字高 2.0 mm,颜色为蓝色;无拐点的顺直河段按 300 m 间距标注。

(4)根据图面负载适当、注记清晰匀称的原则,标注相邻警戒界桩点间距,字头朝向河道内侧垂直警戒范围线注记,HZ 字体字高 1.5 mm。

(5)警戒区范围线图的分幅、字体规格、图框注记整饰等应按《国家基本

比例尺地图图式》(GB/T 20257)要求操作。

8. 数据信息化准备

根据水利划界信息化要求,将安全警戒区范围点、线、面录入数据库,待条件成熟时,上传至水利厅河湖和水利工程管理范围划定成果上报审核系统。

(1) 安全警戒区范围划定成果数据入库代码应以《基础地理信息要素分类与代码》(GB/T 13923—2006)为依据制定,分类应与其一致、不冲突,对应要素的分类方法、分类体系和编码不与其矛盾。数据按照 GIS 表达标准,分点、线、面三种符号,满足数据没有空白代码或代码错误的地物。

(2) 要素应保证其完整性。连贯的线状地物和面状地物不得因注记、符号等而间断,如河流不得因桥等地物而间断。保证数据没有悬挂点和伪节点、重点和重线、线条自相交或打折。

(3) 拓扑关系应正确。面状地物应严格封闭,如警戒范围面;相连要素,相接要素必须严格相连、相接。

(4) 数据分层正确。地形要素需满足基础地理信息标准,增加界桩(牌)、警示牌、警示范围线、警示范围面等图层。

(5) 属性填写应规范、正确。要素分类代码、闸站名称为必填字段,要确认所填属性是否为空值,是否具有唯一性;所有属性项值的填写都不能包含空格。

3.4.2　施工组织设计

1. 施工条件

省内水利工程一般附近有堤顶道路、堤后道路或处于交通干线上,与县、乡道及高速公路相通,陆路交通发达,可保证建筑材料的运输。

工程区地处苏南平原区,属于亚热带向暖温带的过渡地带,具有明显的季风气候特点,气候湿润,四季分明,无霜期较长,日照充裕,雨量丰沛。管理单位应为工程施工提供施工场地,为工程施工提供水源和电的条件,可就近解决水电问题。

2. 主体工程施工

(1) 施工流程。

施工中标后,编写施工计划和测绘指导技术设计书,明确施工流程,确保管理处成果整理。

施工流程见图 3.1。

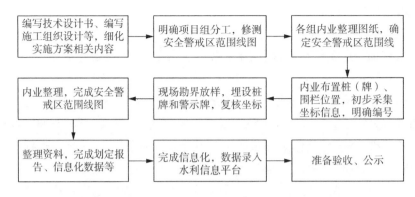

图 3.1　施工流程图

（2）测量。

根据《城市测量规范》（CJJ/T 8—2011）进行实地测量，首先进行资料收集，编写测量技术设计书，确定测量范围，然后按比例尺要求测图，内业整图，进行地形图数字化。

（3）桩（牌）、围栏埋设。

① 施工勘查。

对工程情况进行分析，到实地勘查确定材料进场道路，了解周围环境，掌握水情、地形、交通、人情等基本情况，拟定施工方案，确定施工场地布置、施工进度、材料用量和来源等；技术人员进驻工地，施工测量放样，进行施工布置。

② 施工进场。

人员、原材料、施工机械设备进场，项目部各职能人员立即就位。

③ 施工测量放样。

各工地主要负责人和技术负责人在施工前要熟悉地形，对工程进行坐标定位，做好仪器的检验、校核等工作。

④ 土方工程施工。

工程土方量主要为警示牌、围栏基础开挖，单体土方量不大，主要采用人工开挖方式，土方开挖就近结合回填堆放土方，弃土就地整平。基坑回填土方压实选用蛙式打夯机夯实。

⑤ 混凝土及钢筋混凝土施工。

预制混凝土可通过自卸汽车沿河道堤防布设卸货点，再由人工搬运至桩牌点埋设。

工程各埋设单项工程混凝土浇筑量不大,可选择常用的滚筒锥式拌和机。建筑物混凝土的浇筑仓面比较分散,运送设备根据拌和场地与浇筑仓面的平面位置,选用机动翻斗车运至浇筑现场,再通过人工或手推车翻运入仓。

钢筋应经检验合格,施工前必须先按设计图纸绘制钢筋施工放样图,在加工厂配制成型并用号牌区别,运至现场放样绑扎。

在施工现场根据各部位的设计强度和结构特征,进行配合比设计。混凝土浇筑时应分层浇筑,平仓后采用插入式振捣器振捣,振捣时间持续至取得良好的捣固效果且不至离析为止。前一批次混凝土尚未振实之前,不得在上部增添新的混凝土熟料。在混凝土终凝前应多次人工抹光,防止水化收缩而形成表面龟裂。所有浇筑后的混凝土都要及时养护,且覆盖湿养护的时间不得少于 14 天。

3.5　施工总布置

本着因地制宜、有利生产、方便生活的施工总布置原则,沿线河道工程和点状、片装的水利工程采用分散布置的施工总布置方案。明确主要施工工场的布局、位置和规模,提出施工建筑面积和施工占地面积,提出场内外施工道路等临建工程量。

本工程呈点状分布,工地分散,项目施工内容较单一,施工占地较小。根据各管理处工程分布特点和工程量大小确定施工工场布置。

3.6　进度

3.6.1　工程管理范围

如管理单位所管工程分散,可采用常规施工方法独立进行施工。且各单项工程体量小,一般均可在一个非汛期内完成,不存在度汛要求。以厅属管理处水利工程管理范围划定工作计划为例,主要根据工程数量、施工条件以及上级部门要求进行安排,计划总工期 21 个月。

3.6.2 安全警戒区

根据目标任务要求,落实安全警戒区划定的进度计划安排以及责任单位、责任人。明确各工作流程的时间节点要求。

(1)完成实施方案编制大纲,并通过专家评审;完成实施方案编制并报批。

(2)开展安全警戒区划定立项审批,警示牌、界桩(牌)制作安装及信息化;完善安全警戒区巡查、督查、考核制度。

(3)警戒区范围划定后,根据水利工程管理实际情况开展围栏制作安装及视频监控系统的建设,另行编制详细实施方案。

3.7 验收

3.7.1 工程管理范围

主要对划定成果验收,对划界成果公告。

厅属管理处完成河湖和水利工程管理范围划定实施后,按基建程序由江苏省水利厅直属工程管理单位河湖和水利工程管理范围划定工程建设处组织抽检,抽检合格后组织验收。

整个工程完成验收后,归档。其中,划界成果由水利厅会同当地政府公告。

根据河湖和水利工程管理范围划定成果要求,形成如下成果。

(1)划界成果报告。

按照《江苏省河湖管理范围和水利工程管理与保护范围划定技术规定(试行)》明确的"河道、湖泊和水利工程管理与保护范围划界成果报告编写提纲"编制的成果报告。

(2)实地埋设的界桩、界牌、告示牌身份证成果。

(3)管理范围线桩(界)测量控制点成果表。

(4)管理范围线桩(界)测量已知点检核表。

(5)水利工程管理范围线及桩(牌)矢量布置图。

(6)移位界桩点设计。

注明移位界桩点的名称、编号、图幅号、所在地名、平面坐标等参数;移位说明;点位略图(表示出界桩点与河道及相邻点之间的关系,理论位置与实地埋设桩位的相对位置及准确距离)。

(7)管理范围线桩(界)成果表。

注明桩号、所在位置、平面坐标及高程等。

(8)抽检成果资料。

抽检成果质量评定表、整改情况汇总表等。

(9)水利信息化数据格式成果整理资料。

建立水利部门自身信息管理系统,将所有划界、确权成果上传至江苏省水利地理信息系统,并将其纳入本部门日常管理工作中。

(10)地籍信息化成果和土地权属证或不动产权证。

由管理单位将所有资料整理归档,建立地方基础数据库,将管理线落到规划、国土的规划图上,与水利、国土、规划等相关部门数据共享、共管,协调土地利用总体规划、城乡总体规划等相关规划空间管理,并进一步拓展与省、市、县(市、区)水利、国土划界数据库和管理系统对接,建立省、市、县(市、区)三级一体的互联共享的划界数据库和管理系统。

3.7.2　安全警戒区

(1)验收部门和验收组织。

厅属管理处完成安全警戒区划定实施后,由江苏省水利厅组织验收。

(2)验收内容。

① 划定工作是否符合《水利工程安全警戒区划定实施方案》及《水利工程安全警戒区划定技术设计书》的技术规定,划定标准是否符合法律、法规、政府规章和相关技术文件的要求。

② 各项资料及成果图件整理是否齐全,内容及格式是否符合相关规范和文件的要求。

③ 桩(牌)布设是否具有代表性、合理性和规范性,能否满足安全警戒区外缘线的控制和管理要求,制作安装质量是否符合相关技术规定的要求,警示牌埋设的方位是否合理。

④ 测绘方法是否正确、合理,警戒范围线、界桩、警示牌测绘等精度能否满足要求。

⑤ 警戒区划定成果是否按照相关规定的要求进入省水利厅、管理处信息化平台。

（3）围栏制作安装验收。

① 围栏布设是否合理，制作安装质量是否符合相关技术规定的要求。

② 测绘方法是否正确、合理，围栏基础测绘、放样等精度能否满足要求。

（4）视频监控系统。

① 视频监控设备工作情况是否正常，制作安装质量是否符合相关技术规定的要求，监控角度是否正确。

② 监控主机工作情况；施工布线是否规范。

③ 设备移交培训是否完成，对用户技术人员做系统运转及维护现场培训，使用户维护人员基本了解系统结构、操作维护和操作注意事项，能解决设备在运行中出现的一般问题。

④ 图纸、资料的移交情况。

第四章

管理范围及警戒区水行政管理

4.1 建立长效工作机制

管理单位作为管理范围和安全警戒区划定工作的责任主体单位,应建立水行政管理长效工作机制,健全范围明确、权属清晰、责任落实、管理高效的水利工程管理与保护机制,努力构建依法治水、保障有力的水利保障体系。围绕"水利工程补短板、水利行业强监管"的水利改革发展总基调,依法强化水利工程各项水事活动管理,保障工程运行安全及工程效益发挥,进一步加强水利工程管理范围及警戒区日常监管,提高水行政执法管理水平。

4.1.1 执法基地标准化

水行政执法基地建设应当符合《江苏省长江河道采砂管理执法基地建设指导意见》(苏水砂管〔2010〕1 号)和《江苏省长江河道采砂管理现代化规划(2015—2020)》设定的建设要求和标准。水行政执法基地手续完备,取得了发展改革、自然资源、安全、水利、生态环境、消防等部门许可文件。水行政执法基地应当符合河湖岸线利用相关规划,布局合理,临江、河、湖、库布设,便于执法巡查、快速反应,有利于整合水上与陆上的执法力量。严格按照《江苏省水行政执法基地形象建设 VIS 视觉识别系统》,规范执法基地的标志标识。水行政执法基地应有统一规范名称(江苏省水行政执法基地),并设置明显的水政监察标志。水行政执法基地运行管理费用应当纳入同级财政预算予以保障。水行政执法基地配套制度完备,张贴在醒目位置。建立岗位责任制及思想政治、行政执法、装备管理、内务管理、行为规范、业务学习等有关规章制度,台账规范齐全。水行政执法基地应当配备会议室、案件审理室、调查询问室,执法用车、船,以及工作必需的办公、通信、取证设备等,并统一门楣、门牌、印刷件、执法车辆、装备等的标志标识喷涂式样。办公场所整洁卫生,物品放置整齐有序,装备状态良好,内务指示标志设置符合要求。水行政执法基地应当设置专用执法码头,满足执法船、艇的停泊需求。承担采砂管理任务的,执法基地应当尽可能与采砂船指定停泊点一并建设。

4.1.2 执法队伍专职化

1. 岗位职责明确

水政监察队伍应达到在编率 90% 以上、在岗率 100%。执法人员应保障专业结构合理,岗位责任明确,执法资格培训及持证上岗率达 100%。

2. 工作计划落实

水政监察队伍应研究制订年度工作计划及实施方案,从指导思想、目标任务、基本要求、组织领导、方法步骤等方面布置年度各项工作,细化任务分解,健全常态化执法机制,建立起范围明确、权属清晰、责任落实、管理高效的工程管理保护体系。

3. 规章制度完善

水政监察队伍应熟练掌握水利工程管理范围及警戒区的法律依据,及时修订完善《水政监察支队工作手册》。建立入职宣誓、值班备勤、请示报告、考勤管理、队列训练、执法证件管理等日常制度,支队巡查制度、培训制度、普法宣传制度、执法管理制度等执法制度,同时对各项制度的建设和落实情况及时进行自查。

4. 加强教育培训

水政监察队伍应高度重视教育培训工作,特别是加强管理范围及警戒区相关政策法规等知识学习和业务培训,全面提升水政队伍执法能力。制订全年学习培训计划,多层次开展专题培训和考核,推动严格规范、公正文明执法。

5. 推进宣传普法

一是加强全面宣传贯彻水利工程管理范围及安全警戒区相关的法律法规,如《江苏省水域保护办法》(省政府令第 135 号)、《中华人民共和国长江保护法》、《中华人民共和国行政处罚法》,提升法治素养,增强法治观念,提高用法治思维、法治方式来推动工作的能力。

二是积极开展"世界水日""中国水周""国家宪法日"等主题系列宣传活

动,特别是进校园、进社区、进企业、志愿者服务等一系列宣传活动,提高人们对水利工程管理范围及安全警戒区的理解、认识。

4.1.3　执法机制常态化

（1）执法制度齐全。执法制度应当涵盖全部执法监察工作,主要包括立案、调查取证、审理、执行、备案程序以及执法检查、学习培训、宣传、例会、执法物资器材管理、案件办理时限、执法档案管理、错案责任追究、行政执法回避、重大处罚案件集体讨论、信息化工作管理等各项执法制度。

常见日常制度:水政监察支队入职宣誓制度、水政监察支队请示报告制度、水政监察支队队列训练制度、水政监察支队执法证件管理制度、水政监察支队执法装备室管理制度、水政监察支队执法装备使用管理制度、水政监察支队资料会议室管理制度、水政监察支队值班工作管理办法、水政监察支队考勤管理办法、水政监察支队信息报送及事故管理制度等。

常见执法制度:水政监察支队执法巡查制度、水政监察支队学习培训制度、水政监察支队水行政执法统计制度、水政监察支队普法宣传制度、水政监察支队执法管理制度、水政监察支队联合执法巡查工作细则、水政监察支队会议制度、水政监察支队档案管理制度、水政监察支队执法案件办理制度、水行政执法责任追究制度、水行政执法公示制度、水行政执法全过程记录制度、重大水行政执法决定法治审核办法、水行政执法监督检查办法、水政监察员文明服务承诺、水政监察员"三项承诺""六条禁令"、水行政执法人员行为规范、水行政执法人员举止仪容规定、水行政执法人员着装管理规定、水行政执法人员执法文明用语规定。

（2）执法协作畅通。建立完善水政监察队伍与同级水利部门内部相关职能业务科室的衔接、协调、配合机制,做到职权清晰、责任明确、无缝衔接、配合有力。

常见岗位职责:水政监察支队工作职责、水政监察支队组织机构网络、水政监察支队支队长岗位职责、水政监察支队副支队长岗位职责、水政监察支队水政监察员岗位职责、水政监察支队案件审理员岗位职责。

（3）执法信息共享。水政监察队伍应当建立和其他相关部门信息互通、资源共享、协调联动的工作机制,加强信息沟通。

建立重大事件信息报送制度。发生重大事件应当及时向同级人民政府和上级主管部门报告,并与相关部门建立联动机制,依法应对。在执法过程中,需要相关职能部门提供文书、资料、信息、检测检验结论和行政认定等意见时,主动提出请求。

案件移送及时。违法案件属于其他职能部门管辖的,及时移送其他职能部门处理。建立与公安、检察、审判机关信息共享、案情通报、案件移送等制度,实现行政处罚与刑事处罚无缝对接。

建立健全水事违法行为预防机制和紧急情况应对机制。

4.1.4 执法办案规范化

(1) 执法行为规范化。水政监察人员应当遵守公共秩序和社会公德,举止端庄、行为得体、谈吐文明、精神饱满。着执法识别服装外出或者执法、巡查过程中,不得边走边吃东西;不得在公共场所或者其他禁止吸烟的场所吸烟;不得背手、袖手、插兜、搭肩、挽臂、揽腰;不得有嬉笑打闹、高声喧哗等影响执法队伍形象的行为。办公或者在值勤期间,应当姿态端正,不得斜靠坐凳、躺卧、跷脚、打瞌睡或者从事其他与工作无关的事情。因公与行政相对人接触时,应当主动致意;执法车辆不得搭乘与工作无关的人员。规范文明用语,一般使用普通话,也可以根据行政相对人的实际情况,使用容易沟通的语言,做到态度热情诚恳、表达通俗准确,严禁使用生、冷、横、硬的执法忌语。执法人员无粗暴执法现象,没有因行政执法行为违法或者不当而被追究责任的情形。

(2) 水政执法规范化。水政监察人员从事执法活动,应当遵守法定程序,严格按照法定的方式、步骤、顺序、期限等实施。行政处罚必须做到案件事实清楚,证据确凿,适用依据正确,程序合法,裁量适当,文书规范。严格落实执法公示制度、执法全过程记录制度和重大执法决定法制审核制度。无行政诉讼败诉和行政复议被撤销、变更或者确认违法的案件。

(3) 着装标识规范化。水政监察人员在执法过程中,应当按规定穿着统一执法标识服装,正确佩戴肩章、臂章、胸号等标识,不得佩戴与执法身份不符的其他标志标识或者饰品。执法标识服装应当成套规范穿着,保持整洁完好,不得与便服混穿或者冬春夏季服装混穿,不得披衣、敞怀、挽袖、卷裤腿,不得在腰间系挂钥匙或者饰物,不得赤脚穿鞋。除工作需要或者其他特殊情形外,应当着制式皮鞋或黑色皮鞋。男执法队员鞋跟高度不超过3厘米,女执法队员鞋跟高度不超过5厘米。严格按照有关规定爱护和妥善管理标志标识。

（4）工作纪律规范化。水政监察人员应当爱岗敬业、恪尽职守、团结协作、勇于担当、顾全大局、服从指挥，自觉维护水政监察队伍形象。严格按照法律、法规、规章等规定的职权范围实施水政监察行为，不得滥用职权，不得超越职权，不得拒绝履行或者拖延履行法定职责。

（5）执勤备勤规范化。水政监察队伍应当做好日常执法巡查、值班备勤工作。抓好重点时段、重点水域、重点河湖等的执法管理，双休日、节假日、重大保障活动期间应当合理安排执法执勤力量，确保人员车船到位、宣传服务到位、执法执勤到位。遇重大事件及时逐级请示或者报告，根据应急预案予以妥善处置。值班备勤人员应当严明纪律，坚守岗位，保持通信联络畅通。严禁擅离职守、非正式人员顶岗值班等现象。

（6）信访投诉处理规范化。严格执行信访工作制度和投诉举报受理相关规定，认真接待群众来电、来信、来访，耐心倾听、积极回应群众的合理诉求，做到登记、存档。信访投诉办结率和反馈率达100％，不满意率控制在5％以内。对职责范围内事项不得推诿扯皮、敷衍塞责；对职责范围外事项应当按照相关法律法规及时移送，并做好解释工作。

（7）文书制作标准化。规范执法文书制作，使用现行有效的水行政执法文书式样，推行说理式水行政处罚决定书，文书内容符合有关法律法规和规章的规定，做到格式统一、内容完整、表述清楚、用语规范、书写规整。

（8）案件查处目标化。全面履行水行政综合执法职权，做到处罚案件领域全覆盖，避免执法缺位。年度立案查处的行政处罚案件不少于8件，年度办结率不低于90％。执法人员熟练掌握和运用网上办案系统。

（9）案卷管理规范化。对依法履行行政执法职权过程中或者收集的执法文书材料，依照有关规定，及时整理、立卷，做到材料齐全，编排有序，目录清楚，装订规范，易于保管。执法文书材料根据执法行为种类，按照年度和"一案一号""一案一卷"予以单独立卷归档整理。对于运用简易程序或者文书材料较少的执法活动，按照类别、事由、时间等分类，分别合并立卷归档。

4.1.5　执法装备系列化

（1）水政监察经费应列入同级财政预算，确保经费足额到位，各项支出实行预算管理，每年编制基本支出和项目支出预算上报上级单位核定，在核定范围内使用。严格按预算批复和开支范围执行预算。

（2）按照省财政厅、省水利厅《江苏省水行政执法专业资产配置标准》（苏水财〔2018〕16号)的要求,配备相应的执法装备,明确专人负责,做好执法装备及办公用品的登记、保管、维修(维护)和更新等工作,实现精细化管理。

(3)执法专用车辆、执法记录仪、无人机等执法装备应当专门用于执法活动,并统一管理、专人负责、集中维护,不得外借、转借、出租。配置给水政监察人员个人使用的设备,应当严格遵守操作规程和使用说明,正确使用、妥善保管。建立装备使用管理制度,严格把控装备使用。

常用执法装备见表4.1。

表4.1　×××水政监察支队执法装备登记入库统计表

序号	装备名称	规格型号	数量(单位)	登记入库时间	存放地点	备注
1	水政头盔					
2	警用警务头盔	QWK-JG 型				
3	强光手电筒	GREE Q5				
4	LED手提灯	康铭				
5	防割手套	FGST-XS－01 型				
6	防狼喷雾	猎豹				
7	救生衣	DHY-98-II 型				
8	反光背心	圣驰牌				
9	防刺服	FCF-J-XG 型				
10	医疗包	kindmax				
11	钢叉	GC-FH-I 型				
12	防爆盾牌					
13	橡胶警棍	JJG－GA014 型				
14	执法箱	好公务 GPA-SZ－08(A)				
15	打印机	富士施乐 DocuPrint P158b				
16	GPS定位仪	天宝 GEO7X				
17	望远镜	星特朗 NATURE				
18	执法记录仪	TCL/SDV03(DSJ-3A)				
19	执法记录仪	HP DSJ-H6				
20	录音笔	VTR6600				
21	录音笔	飞利浦				
22	录音笔	CEHKUX				
23	对讲机	建伍 TK3000				
24	照相机	SONY-ICE6000L				

（续表）

序号	装备名称	规格型号	数量(单位)	登记入库时间	存放地点	备注
25	无人机	大疆悟 Inspire 2				
26	卷尺	得力 50 m				
27	卷尺	得力 10 m				
28	卷尺	得力 5 m				
29	电锤	博世 GBH5-40D				
30	角磨机	博世 TWS 6600				
31	便携式发电机	YAMAHA ET-1				
32	液压钳	金虎牌				
33	维修组合工具箱	PST101056				
34	手铲					

4.2　开展专项整治行动

4.2.1　河湖"清四乱""两违三乱"专项整治

1. 水利部"清四乱"行动

2018 年 6 月底，全国全面建立河长制，2018 年底建立了湖长制。为推进河长制、湖长制从"有名"向"有实"转变，从全面建立到全面见效，2018 年 7 月，水利部在全国范围内部署开展了河湖"清四乱"专项行动，集中清理整治乱占、乱采、乱堆、乱建等突出问题，向河湖顽疾宣战。

（1）行动背景。

围绕"水利工程补短板、水利行业强监管"的水利改革发展总基调，将"清四乱"作为推进河长制、湖长制"有名""有实"的第一抓手，作为水利行业强监管的标志性工作。

根据水利部的部署，专项行动分为调查摸底、集中整治、巩固提升等三个阶段，地方以县为单元排查河湖"四乱"问题，针对排查发现的问题，各地制定整改方案、明确整改措施和责任单位、责任人，依法依规清理整治。水利部依托河长制、湖长制平台，压实河长、湖长职责和属地责任，通过制定政策标准、建立问题台账、实行销号制度、强化跟踪督办、加强暗访督查、开展抽查核查、接受社会监督等多种措施，确保专项行动取得实效。

一是中央高度重视河湖的保护。习近平总书记多次就河湖保护发表重要的论述，强调保护江河湖泊，事关人民群众福祉，事关中华民族长远发展。习近平总书记部署推动了河湖长制这项重大的改革，这是一项重大的河湖制度创新，充分发挥中国的政治优势、制度优势。习近平总书记多次实地考察长江、黄河等大江大河，都做出了重要的指示，提出要"共抓大保护，不搞大开发"。2019 年 9 月 18 日，习近平总书记在黄河考察，提出治理黄河，重在保护，要在治理，要让黄河成为造福人民的幸福河。开展"清四乱"专项行动，清理整治突出问题，打造干净整洁的河湖就是落实总书记重要指示的具体体现。

二是推进河长制、湖长制从"有名"到"有实"的要求，2016 年、2017 年中共中央办公厅、国务院办公厅印发《关于全面推行河长制的意见》和《关于在湖泊实施湖长制的指导意见》以后，2018 年，全国全面建立了河湖长制，120 多万河湖长（含村级）上岗。河湖长制的推出，不光是"有名"，关键是"有实"，发挥了作用。

三是维护河湖健康生命的要求，习近平总书记强调，河川之危、水源之危是生存环境之危、民族存续之危。习近平总书记指出，当前我国新老水问题交织，水资源短缺、水生态损害、水环境污染十分突出，河湖水系是水资源的重要载体，也是新老水问题体现最为集中的区域。所以清理整治河湖突出问题，实现河畅、水清、岸绿、景美，维护河湖健康生命，是加快生态文明建设和美丽中国建设的必然要求。

四是满足人民群众对美好河湖的需求。河湖"四乱"问题已经成为老百姓身边的操心事、烦心事、揪心事，近年来，社会各界普遍关注，整治的呼声日益强烈。水利部收到的举报包括媒体的曝光，最集中的一个是农村安全饮水问题，第二个是河湖"四乱"问题，要着力为人民群众打造干净整洁的河湖，满足广大人民群众对美好河湖的向往和需要。

（2）行动开展。

"清四乱"专项行动部署以来，水利部将"清四乱"作为河长制这个改革制度从"有名"向"有实"转变的第一抓手，作为水利行业强监管的标志性的工作，主要采取了以下几个方面的措施。一是高位推动。部党组统一思想，主要领导部署、带头。地方党委政府对这项工作高度重视，10 多个省份都签发了总河长令推动这项工作。二是明确政策标准。"清四乱"的很多问题都是历史的积案，甚至有些可能还是过去经过许可的。到底哪些该清、哪些不该清，水利部及时对"四乱"的标准做出了明确的规定，同时对典型案例进行宣传,以案释法,帮助基层严格政策界限,掌握清理整治标准。三是建立问题台账。建台账一个是指导地方摸底调查,市县自查、省级抽查,结合卫星遥感等一系列技术手段来对比排查。专门建立台账,动态管理台账,对问题逐项明确类型、内容、位置,包括各级河长、湖长责任人,以及整治的进展。四是实行销号制度。指导地方实行省一级的复核销号制度,明确专人开展整治。整治销号进行公告,接受社会的监督。五是加强跟踪督办。水利部对规模以上河湖问题逐项跟踪整改,对暗访发现的问题"一省一单"督促地方整改,对领导批示、媒体曝光的重大问题直接派出工作组到现场核查督办。六是强化暗访督查。对重点区域重要的河段开展多轮专项督查、不定期的重点督查。同时综合运用卫星遥感、无人机进行核查,发现问题及时以"一省一单"督促地方清理整治。七是接受社会的监督。在官网公告已整治销号问题清单,公布举报电话、举报邮箱,广泛接受社会的监督。八是确保整改的质量。对纳入中央纪委国家监委台账的问题实行全覆盖核查。九是发挥部门合力。在中央纪委国家监委组织领导下,水利部会同公安部、自然资源部等6个部门开展纠正河湖"四乱"突出问题专项整治;联合最高人民检察院开展"携手清四乱、保护母亲河"专项行动;会同交通运输部、公安部开展长江干流河道采砂统一清江行动;配合自然资源部开展违建别墅的清理整治工作。

（3）持续推进。

用好暗访督查和信息化两个手段,推进"清四乱"常态化、规范化,遏制增量、清除存量,确保强监管见实效。

推进"清四乱"常态化。一是督促在专项行动中延期整改、整改不到位问题的清理整治。二是坚决不能有增量。对于专项行动以后新出现的"四乱"问题,坚决做到"零容忍",不仅要依法依规坚决整治,还要对有关责任单位、责任人进行追责。三是深入推进存量问题的整治,在继续做好大江大河清理整治的同时,要向规模以下河湖延伸,覆盖中小河流、农村河湖。四是加大问责力度,不仅追究违法主体责任,还要追究涉河审批中的违法违规问题,特别是对整改不力的要严肃追责。

推进"清四乱"规范化。针对"清四乱"专项行动中的难点问题、共性问题,进一步完善和细化政策标准,规范"查、认、改、罚"各个环节的工作,加强培训和宣传,指导地方把握政策要求。一是对于1988年《河道管理条例》出台前的乱占、乱建等历史遗留问题,按照对防洪的影响来甄别处理。二是对于原本是基本农田的河道,积极引导地方有序逐步退出,一时难以退出的依法依规规范种植行为,确保防洪安全。三是对于吊脚楼等一些特殊问题,统筹考虑群众的生活需求,指导地方合理规范岸线,来规范开发利用行为,防止私搭乱建、无序建设。四是对于光伏电站、以风雨廊桥名义在桥上开发经营房地产等一些打法律"擦边球"的问题,严格河湖生态空间保护,不得以涉河建设项目许可一批了之。

强化暗访督查,充分发挥督查促整改的重要作用。一是进行专项督查。组织对重点区域、重要河湖开展进驻式专项督查,先暗访查清涉嫌违法违规的问题,再明查涉河审批手续等情况,会同省级水行政主管部门认定违法违规问题和清理整治方案。督查一条河、整治一条河,督查一个区域、整治一个区域,力争做到"手术刀"式整治效果。计划在长江、黄河、大运河、华北地下水超采区等重点流域或区域进行进驻式专项督查。二是进行流域面上的督查。继续组织各流域管理机构开展两轮暗访督查,重点督查这次专项行动中问题排查数量少、零报告的地区。同时,由各省份组织开展区域内的暗访督查,建立台账跟踪整改机制。

建立长效机制。一是指导地方尽快完成河湖管理范围划定工作,明确河湖管控边界。二是加快编制河湖岸线保护利用规划。三是以规划为依据,进一步规范涉河建设项目许可。四是加大信息化建设力度,利用卫星遥感等技术手段监控、预警,推进智慧监控。五是完善巡河员队伍,建立河湖日常巡查制度,及时发现问题、处理问题。六是依托河长制、湖长制平台,推进建立高层次的协调机制,进一步督促各级河长、湖长履职到位。

2. 江苏省内"清四乱""两违三乱"问题整治

(1) 江苏省"清四乱"问题。

江苏省纳入水利部河湖"清四乱"(乱占、乱采、乱堆、乱建)问题清单的2 050个项目于2019年底全部整改完成,取得积极成效。

水利部开展"清四乱"行动以来,中共江苏省委、省政府将河湖治理与保护作为生态文明建设的重点任务,省委书记、省长联合签发省总河长令,要求打赢"碧水保卫战、河湖保护战"并部署河湖"清四乱"专项整治。各省级河湖长认真巡河察湖,交办督办河湖违法违规突出问题。形成了省委、省政府高位推动、各级党委政府负总责、各级河湖长抓落实、社会公众齐参与的河湖"清四乱"良好工作格局。

在水利部列出的问题清单的基础上,对全省河湖开展全方位调查摸底,自行排查河湖违法问题,形成各区域重点河湖主要违法行为问题清单。把河湖"清四乱"成效列为高质量发展综合考核内容和河湖长履职的重要内容,建立跨部门协作机制和约谈考核问责机制,全方位推进专项整治行动。全省在按时保质完成水利部台账内整改任务的同时,自行排查问题95%完成整改,基本实现了"两年任务一年完成",河湖空间管护得到加强,水质持续改善,水生态修复良好,水环境质量好转。

此外,江苏省注重整治质量和长效管护,省级出台专项整治实施方案和验收销号办法,将技术验收和行政验收相结合,严格销号流程和工作标准;集中查处了一批影响大、社会反响强烈的重大案件,解决了一批历史遗留问题;违法项目清理后及时做好复原复绿工作,尽快恢复生态功能。同时落实长效管护,全面推动河湖保护规划编制,重点加强长江、太湖、洪泽湖、大运河管理和保护;逐步建立"全面覆盖、层层履职、网格到底、人员入格、责任定格"的湖泊网格化管理体系;普遍施行河道"五位一体"综合管理。

2021年3月,为贯彻《水利部办公厅关于深入推进河湖"清四乱"常态化规范化的通知》(办河湖〔2020〕35号)要求,确保"四乱"问题排查彻底、整治到位,省水利厅组织开展了全省河湖"清四乱"抽查复核,对各地排查台账内的"四乱"问题进行排查。

南京市河湖2020年度"清四乱"问题清单均整改完成并销号。

(2)全省河湖"三乱"专项整治行动。

《省河长制工作办公室关于印发全省河湖"三乱"专项整治行动方案的通知》(苏河长办〔2017〕23号)。

为深入贯彻党中央、国务院和省委、省政府全面推行河长制的决策部署,切实加强河湖管理和保护,统筹推进安全水利、环境水利、生态水利、节水水利、智慧水利、法治水利建设,有效保障全省水资源、水环境、水生态安全,决定组织开展全省河湖"三乱"专项整治行动,专项整治在河湖管理范围内乱占、乱建、乱排等问题。

一、整治对象

列入省政府批准的《江苏省骨干河道名录》和《江苏省湖泊保护名录》中的河道、湖泊以及注册登记的水库;饮用水水源一级保护区、二级保护区和准保护区;水产种质资源保护区和水生动植物自然保护区及其他有关特殊需整治的水域。

下列河湖为省级重点整治对象:长江江苏段、秦淮河(含秦淮新河、外秦淮河)、淮河洪泽湖(含淮河干流江苏段、徐洪河、洪泽湖)、京杭运河苏北段、淮河入江水道(淮河入江水道、高邮湖、宝应湖、白马湖)、沭河(沭河、新沭河)、淮河入海水道(淮河入海水道、苏北灌溉总渠)、通榆河(通榆河、泰州引江河)、太湖(太湖、苏南运河、太浦河)、新孟河(新孟河、新沟河、漏湖)、骆马湖(骆马湖,新沂河、沂河、分淮入沂)。

二、整治内容

(一)违法占用河湖管理范围行为。包括围湖造地(田)、擅自围垦河道行为,将湖滩、湖荡作为耕地总量占补平衡用地;非法采砂、取土;非法圈圩种植(养殖),种植阻碍行洪的林木或者高秆植物的行为。

(二)违法建设涉水建筑物行为。包括违法建设妨碍行洪的建筑物、构筑物等行为;擅自建设临河湖、跨河湖、穿堤工程设施行为;不按照许可规划建设涉水项目行为。

(三)违法向河湖排放废污水、倾倒废弃物行为。包括非法取水、擅自设置排污口、排放未经处理或处理未达标的废污水等行为;非法侵占饮用水水源地的行为;在河湖管理及保护范围内倾倒、堆放、填埋废弃物和其他污染物等行为。

三、整治目标

在调查核实的基础上,全面清理整治涉河涉湖违法行为,逐步消除存量,坚决遏制增量。2017年底前,准确掌握涉河涉湖违法行为情况,重大情形全面立案查处,主要流域性骨干河道、省管湖泊、大中型水库杜绝出现新的涉河涉湖违法行为。2019年底前,历史存在的涉河涉湖违法行为下降50%。2020年底前,全省河湖基本杜绝涉河涉湖违法行为。

四、整治原则

(一)政府主导、部门协作。各设区市、县(市、区)人民政府负责组织实施整治,全面负责本辖区河湖管理及保护范围内的乱占、乱建、乱排问题整治。相关部门按职责分工,共同参与、各司其职。

(二)防治结合,治早治小。既要解决好浮出水面的问题,讲求策略方法,依法、有序、稳妥处置各类违法行为;更要做好防范预警,尽可能使乱占、乱建、乱排行为不发生、少发生,一旦发生要查早查小。

(三)突出重点,持续整治。针对群众反映强烈、问题突出、社会关注,严重危害水资源保护、水环境治理、水生态修复、河湖资源保护、河湖综合功能提升和防汛安全的典型案件,依法持续严厉打击,形成强大震慑。加强涉河涉湖行政审批项目的事中事后监管,完善监督管理体系。

(四)区域联动、社会共治。坚持上下游、左右岸共同治理,加强跨区域、跨境监管执法信息共享,强化对乱占、乱建、乱排现象的追踪溯源和联合行动。鼓励媒体和公众参与监督,充分调动各方面积极性,形成全社会共同参与的工作局面。

五、组织机构

省河长制工作办公室负责全省河湖"三乱"专项整治行动的统一组织和协调工作。各设区市、县(市、区)人民政府是专项整治行动的责任主体,应成立相应的组织机构,统筹推进本辖区内河湖"三乱"专项整治行动。

六、工作安排

(一)开展调查摸底。各设区市、县(市、区)人民政府组织水利、环保、交通运输、公安等部门组成联合执法检查组,对辖区内列为整治对象的河湖进行专项执法检查,对发现的相关违法违规行为,全面进行登记、分类,摸清底数,依法提出分类处理建议,由各设区市汇总后报送省河长制工作办公室。

(二)制定实施方案。各设区市、县(市、区)人民政府根据省统一部署,制定专项整治行动实施方案,进一步细化任务、分工、责任和时间节点。

(三)发布整治通告。各设区市、县(市、区)人民政府组织召开专题会议,部署开展河湖"三乱"专项整治行动,充分利用电视、报纸、网络等媒体加强宣传引导,同步发布涉河涉湖违法行为专项整治通告,向所有违法主体传达专项整治的目的意义,明确专项整治的具体要求和政策措施,劝导违法主体在规定时间内停止违法行为,依法采取补救措施或者自行拆除。

(四)清理整治违法行为(2018年4月30日前)。按照分类处理意见,轻微违法行为,明确整改措施、时限及要求,落实督促整改责任人。对必须查处的涉河涉湖违法案件,明确主要办案人员,落实查处责任,全面推进查处。对被列为省、市挂牌督办的重大涉河涉湖违法案件,相关地方政府负责人要亲自负责,严格依法查处。

(五)强化涉河涉湖违法行为执法(持续进行)。要加强对河湖管理及保护范围的动态监管,严格防止发生新的违法行为。对抗拒执法等行为,公安等部门要依法予以惩处。相关职能管理部门要建立联防联管机制,加强河湖管理与保护。

(六)恢复河湖管理良好秩序(2020年底前)。加强水功能区和入河湖排污口监督管理,严格控制入河湖排污总量,逐步实现清水入河。建立水资源水环境承载能力监测预警机制,对超载河湖和区域限制审批新增取水和入河湖排污口。建立占用水域岸线补偿制度,建设项目确需占用水域的,要严格按照等效替代原则实行占用补偿。严格执行水工程建设规划同意书、涉河建设项目审查、河道采砂许可、洪水影响评价等制度，规范涉河建设项目和活动审批。继续实施退田还湖、退渔还湖，加强圩区管理，恢复天然河湖水域面积。

七、保障措施

（一）强化组织领导。地方各级人民政府要从落实绿色发展理念、推进生态文明建设、保障我省水安全的高度，充分认识开展河湖"三乱"专项整治行动的重要性、紧迫性，加强对整治工作的组织领导，明确本行政区域重点整治的河湖。各级河长办成员单位按照职责分工，齐心协力推进整治工作，确保取得实效。

（二）健全工作机制。深入开展水利综合执法体制改革，开展流域综合执法试点，建立健全行政执法协作配合运行机制。河湖管理部门和单位要加强日常巡查和管理，及时发现并制止违法行为，对需要实施行政处罚或者行政强制的，及时向执法部门移送，切实做好执法与管理的有效衔接。对巡查发现、群众举报的问题，要通过"河长工作联系单"，及时交办和督办查办，确保事事有着落、件件有回音。建立信用评价制度，将违法对象列入"黑名单"，将其违法行为纳入社会信用体系。

（三）严格执法办案。全面排查清理涉河涉湖违法项目，坚决纠正执法不到位、整改不到位问题，始终保持严厉打击涉水违法行为的高压态势。对依法作出的行政处罚、行政命令等行政行为的执行情况，实施执法后督察，重大水事违法案件省、市挂牌督办。充分发挥"两法"衔接机制作用，加强涉嫌刑事犯罪的违法案件的移送和侦办。对破坏水资源、河湖水生态等损害公众权益的行为，鼓励社会组织、公民依法提起公益诉讼和民事诉讼。

（四）提升能力建设。推进水政监察机构标准化建设，建设必要的执法基地，装备足够的执法船艇，并根据全省公车改革方案的总体要求，保留必需的基层水政监察用车。健全水政监察经费保障机制，将水行政执法经费纳入同级财政预算予以保障。

（五）严格考核问责。要将河湖"三乱"专项整治行动纳入河长制考核的重点内容。对执法监管不履职的，发现违法行为或者接到违法行为举报后查处不及时的，不依法实施行政处罚的，对涉嫌犯罪案件不移送、不受理或推诿执法等监管不作为行为，要依法依纪追究有关单位和人员的责任。国家工作人员充当保护伞，包庇、纵容违法行为或对违法行为查处不力，涉嫌职务犯罪的，要及时移送人民检察院。

（六）强化宣传监督。要充分利用广播、电视、报刊、网络、手机APP等媒体，广泛宣传涉及河湖管理、水生态、水环境保护的法律法规，提高社会群众依法管水、依法治水、依法开发利用意识；要及时宣传专项整治进展及成果，利用查办重大典型案件契机，强化宣传，制造声势，努力营造良好舆论氛围。

（3）南京市河湖"两违三乱"专项整治。

①《南京市河湖违法圈圩和违法建设专项整治工作方案》（宁河长办〔2019〕11号）。

根据省委办公厅、省政府办公厅《关于在全省开展河湖违法圈圩和违法建设专项整治工作的通知》（苏办电发〔2018〕94号）和省河长制工作办公室《省河长办关于印发全省河湖违法圈圩和违法建设专项整治工作实施意见的通知》（苏河长办〔2019〕7号）要求，为进一步加强我市河湖管理和保护工作，维护河湖健康生命，保证河湖功能发挥，决定开展全市河湖违法圈圩和违法建设专项整治工作。特制定本工作方案。

一、整治范围

（一）全市纳入《江苏省骨干河道名录（2018年修订）》（苏政复〔2019〕20号）中的48条河道，纳入《江苏省湖泊保护名录》（苏政办发〔2005〕9号）中的8个湖泊，13座中型水库，市级领导担任河长湖长的河湖。其余河湖水库的专项整治工作由各区参照执行。

（二）整治区域包括：河道管理范围（含两侧管理范围线之间的水域、沙洲、滩地、堤防、护堤地等），水库校核洪水位以下的库区及大坝的管理范围，湖泊保护范围（含退圩还湖规划范围和退圩还湖保留区）。要充分利用河湖和水利工程管理范围划定成果，准确界定整治区域。

二、整治项目

（一）违法圈圩项目包括违法圈圩湖泊、围垦河道水库等行为。违法建设项目包括在河湖水库管理范围内建设不符合相关法律法规、政策文件和规划要求，以及未按规定履行相关审批手续、未按照审批文件要求实施的项目。

（二）水务部门对照水法规，着重核查河湖水库内的项目是否影响行洪和输水蓄水功能、河势稳定、堤防及水利工程安全，是否履行水行政审批手续并按审批文件要求建设。

（三）各相关职能部门对照相关法规，核查违法项目是否破坏生态环境，危及饮用水源地、自然保护区、重要湿地、水产种质资源保护区、风景名胜区等生态敏感区，是否存在安全问题和占而不用现象，是否违反立项程序、未履行相关审批手续并按审批文件要求建设,是否存在其他违法行为。

三、整治目标

在调查核实的基础上,全面清理整治河湖违法圈圩和违法建设。

(一)对于湖泊保护范围内的圈圩,在《江苏省湖泊保护条例》(以下简称《条例》)施行之后形成的,争取在 2019 年底、确保在 2020 年底前整治到位;在《条例》之前形成的,通过退圩还湖等方式逐步整治到位,退圩还湖实施之前,按照防洪排涝的要求,建设圩区的进水设施或者分段平毁圩堤。

(二)对于河道水库管理范围内、湖泊保护范围内的违法围垦、违法建设,严重影响河湖行洪和输水蓄水功能、河势稳定、堤防及水利工程安全、占而不用和破坏生态环境、违反生态敏感区管控要求的违法项目,争取在 2019 年底前整治到位。对于立即整治有困难的项目,明确整治时间和整治要求,在 2020 年底前全面整治到位。对于影响不大,能够采取补救措施消除影响的违法项目,明确采取补救措施消除影响并补办手续的时限要求,原则上在 2019 年底前完成整改。所有"两违"项目均要在 2020 年底前整治完成。建立健全河湖空间管控和长效管护机制,杜绝河湖违法项目增量,逐步修复河湖生态,保护河湖综合功能。

四、整治步骤

(一)全面排查,形成问题清单。各区要按照查全、查细、查实的原则,分级负责、分片包干,对辖区内湖泊、河道、水库逐一排查,并梳理形成违法主体明确、工作量清晰、责任可追溯的问题清单。市属单位负责排查其管理范围内的"两违"项目,并报所辖区党委政府,纳入当地问题清单一并整治。

分类研判违法性质、违法内容,核清核准项目是否符合法律法规和政策文件,是否满足相关规划和功能分区要求,是否符合空间布局和管控要求,是否按规定履行相关审批手续,是否按照审批文件建设。各区(尤其是暂未排查出问题的区)党委政府要审定问题清单,认真复查、把关,举一反三,防止出现漏报、瞒报、不报、少报、报小、报轻的现象。48 条省骨干河道、8 座湖泊、13 座中型水库及市级领导担任河长湖长的河湖问题清单,经各区党委政府审定后,由区河长办书面报市河长办。

(二)逐一梳理,编制整治方案。对排查出的问题,要制定整治方案。整治方案以问题为导向,逐一明确时间表、线路图、任务书,方案内容包括整治项目、工作责任、处置方式、整治标准、进度安排、完成时限和保障条件等。整治标准应按照违法类型和违法性质等,逐个分类确定。按照"属地负责、分类负责"的原则,根据"两违"项目所在地点、建设内容和违法性质,逐个项目落实牵头整治单位或职能部门,明确相关部门的工作职责。

注重疏堵结合,区分项目性质、违法违规实质,按照拆除取缔、整改规范两类确定整改措施,其中拆除取缔类包括彻底拆除恢复原状、关停取消项目功能等;整改规范类包括部分拆除、采取补救措施消除影响、归并整合、完善手续等。整治方案在 3 月底前编制完成,并报各区党委政府审定。区河长办每月 20 日前,将整治进度报市河长办。

(三)周密部署,全面开展整治。各区要根据实际,统筹相关部门力量,强化信息共享,形成齐抓共管的工作格局。按照党委政府牵头抓总、相关部门分工负责的整治工作机制,注重联合整治,强化联合执法,加强行政执法与刑事司法有效衔接,对重大违法案件挂牌督办。对整治过程中发现的腐败问题予以查处。

严格履行执法程序,确保整治行为依法依规、有力有序。维护社会稳定,妥善处置矛盾和突发性事件。充分利用诚信南京信用体系,对敷衍推诿、拒不整改的违法主体,将其违法行为纳入社会信用体系,列入诚信"黑名单"。正面宣传"两违"专项整治工作的政策规定和重要性,提高全社会对这项工作的认识,为工作开展创造良好的社会基础和舆论氛围。

(四)严格验收,确保整治质量。由各区党委政府按照整治项目分级组织验收,及时销号。涉及省级领导担任河长湖长的河湖,邀请省级派员参加。涉及市级领导担任河长湖长的河湖,市级派员参加。市属河道管理单位按照工作分工,参与相应河湖整治的督查、验收工作。验收工作要严格验收认定责任制,按照整治方案和验收标准分级开展,验收标准参照省级验收指导性意见执行。对于违法圈圩项目,经有资质单位出具测量报告后方可验收。

要明确河湖长效管控的责任主体,建立河湖网格化管理模式,强化河湖日常监管巡查和空间动态监管,及时发现和处置新增违法圈圩和违法建设,在清除违法存量的同时,坚决遏制违法增量。

五、整治责任

(一)各区党委政府作为专项整治工作的责任主体,分级做好问题清单、整改方案及验收办法的组织编制和审定工作,明确相关部门的责任分工,组织整治实施和验收。

(二)各区各级河长湖长在本级党委政府领导下,推进相应河湖的专项整治工作,及时进行交办分办和督办查办。

（三）各区各级河长办在本级党委政府的领导下，服务好河长湖长，做好专项整治工作的协调会商、统计汇总、进展通报、组织约谈等工作。

（四）各区相关职能部门按照本级党委政府的工作分工，对照相关法律法规和部门工作职责，各负其责，协同发力，重点做好违法项目问题排查阶段的现场踏勘、性质认定、分类研判、查漏补缺，方案制定阶段的处置方式和整治标准确认、进度计划，组织实施阶段的具体实施、协调处置、联合执法、舆情引导、诚信惩戒，验收管理阶段的现场测量、整治成效确认等工作。

六、保障措施

（一）加强组织领导，明确责任主体。各区党委政府是专项整治工作的责任主体，要充分认识河湖空间管控的重要性，要将其摆到全局工作的突出位置，列入重要议事日程。要强化党政领导负责制，按照整治方案要求，加强组织领导，健全工作机制，落实整改责任，对照整治清单，逐项细化分解工作任务，明确时间表、责任单位和责任人，为专项整治提供有力组织保障，切实把专项整治工作抓实抓好。

（二）加大整治力度，强化监督检查。各区要加大整治力度，加强组织协调和监督检查，将专项整治纳入河长制工作考核内容，确保按时完成清理整治任务。各级河长办要组织相关部门强化对专项整治工作的检查和指导，适时开展联合督导，不定期地组织暗访抽查、重点检查，建立定期通报和约谈制度，督促各相关部门履行好职责，确保整治取得实效。各区要及时上报整治工作进展情况，并于每月25日前，将整改工作进展情况书面报送市河长办。

（三）坚持公众参与，落实责任追究。各区要充分发挥舆论监督作用，加大河湖违法圈圩和违法建设的曝光力度，要将列入整治范围的项目等信息向社会公告，接受全社会监督，定期向社会通报整治进度，并公开曝光违法典型案件；强化舆论宣传正面引导，搭建公众信息平台，畅通电话热线等监督渠道，接受公众对专项整治工作的监督，营造全社会共同关注、支持和参与整改工作的良好氛围。严查整治工作中的庸政懒政、失职渎职行为，对自查不清、观望等待、停滞不前、整治不力、纵容包庇的严肃问责，对整治过程中发现的腐败线索发现一起、查处一起，涉嫌违法犯罪的，移交司法部门立案侦查。

目前，各区按照《关于在全省开展河湖违法圈圩和违法建设专项整治工作的通知》要求，对辖区内河湖违法圈圩和违法建设行为开展了排查工作，并将初步排查情况上报（清单详见附表）。请各区在前期排查的基础上，按照省市有关要求,坚持问题导向,进一步加大排查力度,做到辖区内的河湖库范围应查尽查,发现问题应报尽报,确保 2020 年底前完成"两违"项目整治工作。

按照省里要求,各区党委、政府要分别在 2019 年底、2020 年底,将专项整治工作进展情况报送市委、市政府。

②"两违三乱"典型项目整治情况。

a. 下发整改清单

关于下发省级领导担任河长的河湖主要违法行为问题清单的通知。

南京市河长办:

根据《省河长制工作办公室关于印发全省河湖"三乱"专项整治行动方案的通知》(苏河长办〔2017〕23 号),省河长制工作办公室根据卫星遥感影像,结合日常巡查、群众举报、上级交办,对你市境内由省级领导担任河长的河湖,存在的主要违法行为进行了梳理,并经现场核实,形成了主要违法行为问题清单,现下发给你办。请你办将该问题清单作为全省河湖"三乱"专项整治的重点内容,加大执法力度,维护河湖生态健康。各地问题清单的整治情况纳入省河长制考核内容。

b. 开展项目整改跟踪

· 乱建:陈××违法砂场(表 4.2)

表 4.2 南京市长江南京段、秦淮河主要违法行为问题整改工作情况跟踪表单一

项目名称	陈××违法砂场			
性质			类型	乱建
所在河湖	秦淮河			
位置	××街道××社区			
当事人信息	名称(姓名)	陈××黄砂码头	住所	××区××街道××社区×号
	法定代表人	陈××	联系电话	1391303××××
整治跟踪记录	整治前	整治中		整治后
整治情况描述	已完成整治			

·乱占:秦淮新河入江河口上侧天后村段滩地停放水泥船一艘,占用江滩地 200 m²(表 4.3)

表 4.3 南京市长江南京段、秦淮河主要违法行为问题整改工作情况跟踪表单二

项目名称	××籍姚××在秦淮新河入江口上侧天后村段滩地停放水泥船一艘,占用江滩地 200 m²			
性质	三乱		类型	乱占
所在河湖	长江干流×××区段			
位置	××开发区××社区			
当事人信息	名称(姓名)		住所	××区××街道××社区×号
	法定代表人	姚××	联系电话	1326096××××
整治跟踪记录	 整治前	 整治中	 整治后	
整治情况描述	已完成整治			

·乱建:石臼湖违法圈圩约 60 亩(表 4.4)

表 4.4 南京市石臼湖、固城湖主要违法行为问题整改工作情况跟踪表单三

项目名称	石臼湖违法圈圩约 60 亩			
性质			类型	乱建
所在河湖	石臼湖			
位置	××街道			
当事人信息	名称(姓名)		住所	
	法定代表人	朱××	联系电话	1395203××××
整治跟踪记录	 整治前	 整治中	 整治后	
整治情况描述	已完成整治			

③ 南京市"两违三乱"整治项目销号情况。

2019 年 7 月 18 日,召开了"南京市第一批、第二批'三乱'整治项目销号验收会议",对长江、秦淮河整治项目进行销号验收。

2019 年 9 月 26 日,召开南京市"三乱"整治项目销号验收会,对长江、石臼湖、固城湖整治项目进行销号验收。

2019 年 12 月 31 日,召开南京市"三乱"整治项目销号验收会,对长江南京段及秦淮河整治项目进行了销号验收。至此,南京市"两违三乱"整治项目全部销号。

(4) 省秦淮河管理处工程管理范围内"两违"整治。

根据省委办公厅、省政府办公厅《关于在全省开展河湖违法圈圩和违法建设专项整治工作的通知》(苏办发电〔2018〕94 号)精神和省水利厅部署,省秦淮河水利工程管理处对管理范围内违法圈圩和违法建设开展了全面排查,共排查"两违"整治项目 6 项,全部完成整治,完成率 100%。

① 推进情况。

管理处认真落实省厅河湖"两违三乱"专项整治及陈年积案"清零"行动推进会部署要求,深入开展"两违"专项整治工作,多措并举加强河湖水域管护,保障水工程安全。

② 采取措施。

a. 积极动员部署。根据管理处实际情况,制定工作方案;召开专题动员会议,部署开展"两违"专项整治行动,明确行动的具体要求和政策措施。

b. 全面梳理排查。对工程管理及保护范围内进行专项执法检查,对陈年积案和新近发生的各类涉河涉湖水事违法行为逐一排查,并梳理形成违法主体明确、工作量清晰、责任可追溯的问题清单,逐一建档登记。

c. 依法查处整治。按照省厅要求,把握时间节点,严肃查处已发现的各类水事违法行为。加强对工程管理及保护范围的动态监管,严格防止发生新的违法行为。

③ 取得的成效。

a. 有序推进"两违"专项整治工作,针对因历史原因形成的陈年积案问题复杂、查处难度大的情况,进行认真排查,对列入问题清单的项目,因地制宜制定整治方案,逐一落实责任主体,明确整治标准、具体措施及进度安排,及时查处、整改及销号。

b. 建立联合执法工作机制,管理处与南京市水上公安分局内河派出所签订水政联合执法协议,开展日常巡查和专项执法行动。制定了水政联合执法巡查工作细则及考核办法,"定时间、定人员、定路线"开展日常巡查,通过陆上、水上巡回检查、交叉检查、宣传教育等方式,对工程管理范围内的水事违法行为及时发现、及时查处。

c. 推进长效管理,巩固专项整治成果。管理处持续开展河湖和水利工程"两违三乱"专项整治,把"清四乱"作为常态化工作常抓不懈,坚决遏增量、清存量,确保案件查处率100%,维护良好的水环境和水秩序。

3. 河湖"两违"问题整治情况抽查复核

根据《省河长办关于开展河湖"两违"问题整治情况抽查复核的通知》(苏河长办〔2021〕7号),组织开展河湖"两违"问题整治情况抽查复核工作。

(1)工作目的。

2018年12月,中共江苏省委、省政府在全省开展河湖违法圈圩和违法建设专项整治工作以来,各地高度重视,强化组织,落实责任,扎实推进,全面开展相关排查、整治、销号等工作,到2020年底,较好地完成了河湖"两违"问题整治任务。2018年,省河长办按照《省河长办关于印发全省河湖违法圈圩和违法建设专项整治工作实施意见的通知》(苏河长办〔2019〕7号)要求,组织相关单位对各地河湖"两违"问题整治情况进行检查。

(2)检查要点。

省级抽查复核的项目,应在设区市上报的总清单里选择,可以事先确定计划复核的项目清单,由复核地的县、市水利部门一并现场复核,对照问题清单、查勘现场、复核验收资料等;现场采用抽查复核按照不低于各设区市上报问题清单总数的10%开展。

每组检查过程中,记得留取工作照和现场照片(每个检查点不同角度的照片)不少于3张;对于被检查的"两违"项目都应双方签字确认,特别是没有整改到位或者有疑问的项目必须双方在现场签字。

(3)检查情况。

省秦淮河水利工程管理处组织对南京、镇江、常州、南通4个设区市进行现场抽查复核。按照现场抽查复核不低于各设区市上报问题清单总数的10%开展的原则,处检查组制定详细抽查复核方案、确定点位,分批次赴4个设区市开展现场复核。南京、镇江、常州、南通4个设区市共上报问题1 157处,处检查组对照问题清单共抽查134处,抽查复核率为11.58%,满足抽查要求,所抽"两违"违法点总体上都进行了有效整治。

4.2.2 省内河湖库专项督查

1. 全省重点河湖库和饮用水水源地管理(保护)范围内违建别墅明察暗访

(1) 主要内容。

重点暗访 2004 年 10 月自《国务院关于深化改革严格土地管理的决定》(国发〔2004〕28 号)下发之后,在全省重点河湖库和饮用水水源地管理(保护)范围内,是否还存在新建的违建别墅,包括违法违规建设,审批的"别墅"类房地产,具有"别墅"风格的经营性项目、私家庄园、私人别墅。农(牧、渔)民自建自用房屋除外。

(2) 重点区域。

列入省政府批准的《江苏省骨干河道名录》《江苏省湖泊保护条例》中的省管湖泊和大中型水库。

(3) 方式方法。

主要采取随机抽查方式,不发通知、不打招呼、不听汇报、不用陪同和接待,直奔基层、直插现场督查。

(4) 工作要求。

严格遵守中央八项规定,轻车简从。

明察暗访工作人员应严格遵守工作纪律,严禁向被检查单位泄露暗访信息,如实反映相关情况。

暗访单位做好相关台账资料,并将暗访区域及结果及时上报厅违建别墅清查整治专项行动办公室。

对全省重点河湖库和饮用水水源地管理(保护)范围内的遥感影像进行再甄别,查找疑似图斑。

暗访过程中如发现问题及时与厅违建别墅清查整治专项行动办公室联系。

(5) 南京市有关违建别墅明察暗访情况。

省秦淮河水利工程管理处负责开展南京市重点河湖库和饮用水水源地管理(保护)范围内违建别墅明察暗访,分为 4 个巡查小组和 1 个统计小组,巡查组每组 2 人;统计组 1 人,根据巡查小组每天提供的调查资料进行汇总统计。

南京市骨干河道 58 条;省管湖泊 2 个:石臼湖、固城湖;南京市中型水库

13座(方便、老鸦坝、卧龙、姚家、中山、赭山头、大河桥、大泉、河王坝、金牛山、山湖、龙墩河和赵村);秦淮河(干流、外秦淮河、秦淮新河)。调查按照先难后易的原则分两个阶段,第一阶段以13座大中型水库和"一河两湖"为重点;第二阶段,各小组对所调查河湖库周边对应的骨干河道进行调查。

第一阶段:重点调查对象是13座水库,"一河两湖"(秦淮河、石臼湖、固城湖),合计16个项目,按照地理位置和面积范围分组如下。

第一组:江北片区

调查对象:大河桥水库、大泉水库、河王坝水库、金牛山水库、山湖水库。

第二组:高淳片区

调查对象:石臼湖、固城湖、龙墩河水库。

第三组:溧水片区

调查对象:老鸦坝水库、姚家水库、中山水库、赭山头水库。

第四组:其他片区

调查对象:秦淮河(干流、外秦淮河、秦淮新河)、赵村水库、方便水库、卧龙水库。

第二阶段:

各小组对所调查河湖库周边对应的骨干河道进行抽查。各小组调查时,发现疑似违法建设别墅,现场进行拍照留存(每个点拍照不少于3张),认真填写《开展违建别墅明察暗访登记表》(表4.5)。每天巡查结束后把登记表和照片交由统计小组进行汇总,调查结束后,由统计小组把汇总的资料提交上报。

表4.5 开展违建别墅明察暗访登记表

日期: 年 月 日 星期 天气:

河湖库名称				所属行政区			
巡查路线							
巡查人签字							
巡查内容	疑似违法建设别墅名称	建设方	地点	经纬度	占地面积	建设面积	事件描述	其他情况
现场照片不少于3张							

（6）查访报告。

根据《省水利厅办公室关于开展全省重点河湖库和饮用水水源地管理（保护）范围内违建别墅明察暗访的通知》精神，省秦淮河水利工程管理处组织相关业务科室人员分4个调查组分片对南京市列入重点河湖库和饮用水水源地管理（保护）范围内，是否还存在新建的违建别墅，包括违法违规建设，审批的"别墅"类房地产，具有"别墅"风格的经营性项目、私家庄园、私人别墅，采取"四不两直"方式开展督查。完成调查及抽查省骨干河道26条（万寿河、清流河、永宁河、朱家山河、马汊河、八里河、耿跳河、清水河、西阳河、新篁河、水阳江、运粮河、官溪河、水碧桥河、胥河、漆桥河、石固河、一干河、三干河、云鹤支河、天生桥河、新天生桥河、二干河、横溪河、溧水河及牛首山河），大中型水库13座（方便、老鸦坝、卧龙、姚家、中山、赭头山、大河桥、大泉、河王坝、金牛山、山湖、龙墩河和赵村水库），秦淮河（干流、外秦淮河、秦淮新河）以及省管湖泊（石臼湖、固城湖）。本次明察暗访中，省管湖泊和大中型水库覆盖率达100％，抽查省骨干河道覆盖率达44.8％，组织参加人数共计60人次。经现场调查，发现疑似违法建设的别墅有8处，结合遥感影像对发现的8处疑似违建别墅进行再甄别，客观、如实填写《南京市区域违建别墅明察暗访结果统计表》并上报。

参与涉及江河湖库管理的各项水利监督工作是落实"行业强监管"的重要途径，我们将积累专项工作经验，进一步提高行业管理的能力和水平。

2. 全省水库安全运行督查

根据《省水利厅督查办关于开展全省水库安全运行督查的通知》（苏水督办〔2020〕3号），在汛前组织对全省所有水库安全运行开展全覆盖督导检查。

（1）工作目的。

通过对全省952座在册水库开展拉网式全覆盖督导检查，摸清水库安全运行状况，全面查找水库安全运行存在的薄弱环节和问题隐患，督促各地尽快补齐水库在工程设施和运行管理方面存在的短板和不足，确保安全度汛。

（2）督查内容。

①"三个责任人"履职情况。主要包括行政、技术、巡查责任人落实情况、参加培训情况及履职情况等。

②"三个重点环节"落实情况。主要包括调度运用方案和应急预案制定、

批复、演练和落实情况,水雨情预测预报能力建设落实情况。

③ 运行管理情况。主要包括水库的巡视检查、控制运用情况及相关记录,维修养护情况及运行管理经费保障落实情况,汛限水位执行及病险水库降低水位或空库迎汛情况,大中型水库检查观测情况等。

④ 工程实体情况。主要包括挡水建筑物、泄洪建筑物和放水建筑物的安全运行状况。

⑤ 安全鉴定和除险加固情况。主要包括是否按照规定进行了安全鉴定,对安全鉴定为三类坝的水库是否采取了限制运用措施、是否及时进行除险加固,除险加固是否严格按照安全鉴定意见和批复内容实施,除险加固是否超工期、投入运行前是否进行蓄水验收等。

⑥ 金结机电设备情况。主要包括金属结构和机电设备的运行使用和维修养护情况,等。

⑦ 效益发挥情况。通过调查问询和查阅资料了解水库效益发挥情况。

《督导检查问题清单》见表 4.6、表 4.7。

(3)工作方式。

督查组采取"四不两直"方式进行现场督查,形成逐库文字数据及影像资料。对在督查过程中发现的问题要及时收集整理汇总,并与当地现场交流反馈,填写《检查发现问题汇总表》。

(4)工作要求。

① 各督查组要严格执行《江苏省水利监督规定》,遵守督查工作纪律。

② 各督查组对发现的问题要做好现场取证及原始资料采集工作,反映问题实际情况,确保资料数据实时、真实、完整、可查。要注重通过拍照、录像等方式实时采集信息,直观形象地反映存在的问题。督查结束后,形成逐库文字数据及影像资料,连同各片区《检查发现问题汇总表》一并报水利厅督查办。

(5)督查情况。

省秦淮河水利工程管理处制订督查计划,拟定督查路线,组织相关业务科室人员分 4 个调查组分片对常州、无锡 97 个水库进行督查,对照《督导检查问题清单》相关内容,填写《检查发现问题汇总表》并上报。

表 4.6　督导检查问题清单——运行管理违规行为分类标准

问题序号	检查项目	问题描述	问题等级		
			一般	较重	严重
（一）综合管理					
1	组织机构、制度建设及落实	重要小型水库未明确水库管理机构		有管护人员	无管护人员
2		一般小型水库无专人管理		√	
3		未制定水库运行管理需要的各项制度		√	影响运行安全
4		水库管理制度不满足运行管理工作需要，针对性、操作性不强		√	
5		有水库管理制度但未按要求执行	√		影响运行安全
6		水库管理经费无稳定来源	经费不足	无经费来源	
7	水库大坝安全责任制	大坝安全责任人不落实，不明确，未公示		未公示	不落实、不明确
8		大坝安全责任人履责情况差，如政府责任人在协调安全运行管理工作，解决机构、人员、经费，组织重大突发事故应急处置等方面履责不到位；主管部门在明确管理单位或管护人员、组织制定并落实安全运行管理各项制度、组织人员培训和考核及对注册登记、调度运用、安全鉴定、应急管理等制度监督或执行情况方面履责不到位；管理单位或管护人员在开展调度运用、巡视检查、安全管理、维护养护及报告安全状况等方面履责不到位		√	影响运行安全
9		未划定工程管理范围和保护范围		√	
10		未按规定进行年度安全检查	开展检查未形成检查报告等	未开展检查	
11	注册登记	水库未按要求注册登记		√	
12		注册登记信息存在问题	√	错误信息	虚假信息
13	信息档案管理	无水库原始资料或施工等档案资料		√	
14		无运行管理工作信息记录或信息记录不完整、不真实	记录不完整	无记录或记录不真实	
15		档案查找困难	√		

（续表）

问题序号	检查项目	问题描述	问题等级		
			一般	较重	严重
（二）防汛"三个责任人"落实情况					
16	行政责任人	无行政责任人			√
17		行政责任人未正式发文明确	通过其他渠道公示	未公示	
18		行政责任人不具备相应履责能力，专业素质、能力等明显不满足相关要求		√	
19		行政责任人未参加过岗位培训	履职情况好	履职情况一般	履职情况差
20		行政责任人履责情况差，如不清楚自身工作职责；不掌握水库基本情况；不了解水库安全运行状况；未协调落实管理机构、人员和经费；未协调解决水库安全管理工作中出现的重大问题；未督促有关部门加强水库安全管理；未到或极少到水库现场，未听取过水库有关情况汇报；不掌握巡查责任人、技术责任人联系方式；检查期间无法与行政责任人取得联系等			√
21	技术责任人	无技术责任人			√
22		技术责任人未正式发文明确	通过其他渠道公示	未公示	
23		技术责任人不具备相应履责能力，专业素质、能力等明显不满足相关要求		√	
24		技术责任人未参加过岗位培训	履职情况好	履职情况一般	履职情况差
25		技术责任人履责情况差，如不清楚自身工作职责；不掌握水库基本情况；不了解水库安全运行状况；不熟悉水情雨情监测预报预警、调度运用方案、安全管理（防汛）应急预案等内容；未及时解决巡查责任人反映的问题并提供技术支撑；未定期到水库现场；检查期间无法与技术责任人取得联系等		√	影响运行安全
26	巡查责任人	无巡查责任人			√
27		巡查责任人未正式发文明确	通过其他渠道公示	未公示	
28		巡查责任人不具备相应履责能力，专业素质、能力等明显不满足相关要求		√	
29		巡查责任人未参加过岗位培训	履职情况好	履职情况一般	履职情况差

（续表）

问题序号	检查项目	问题描述	问题等级		
			一般	较重	严重
30	巡查责任人	巡查责任人履责情况差,如不清楚自身工作职责;不掌握水库基本情况;不了解水库安全运行状况;不清楚如何看护或巡查水库,不能说出巡查时间和次数,不能提供巡查记录;不清楚特征水位;不清楚水库出现险情隐患时报告的对象及采取的抢险措施;不清楚防汛物资储备情况;不清楚水库有无必要通信设备,以及通信设备是否满足汛期报汛和紧急情况报警的要求;未通过天气预报等有效方式了解库区水情雨情;检查期间无法与巡查责任人取得联系等		√	影响运行安全

（三）"三个重点环节"落实情况

问题序号	检查项目	问题描述	问题等级		
			一般	较重	严重
31	预测预报能力	无水雨情预测预报能力,如无法观测获知水库水位(库区无水尺和水位标识、无电子水尺、设置的水尺和水位标识无法读取水位等);无雨量筒、雨量计(含电子自动测量计)等设施,如有其他方式了解降水信息,不作为问题		能观测水位无法测量雨量	√
32		设置的水尺、水位标识因位置不当或刻度剥蚀等原因不满足观测需要	观测困难或有电子水尺		无法读取水位且无电子水尺
33		缺乏有效的通信(报警)手段,不满足汛期水雨情报送和紧急情况下报送预警信息的要求			√
34		发现大坝险情时未立即报告水库主管部门(或业主)、地方人民政府,未及时发出警报			√
35	水库调度运用方案	无水库调度运用方案			√
36		水库调度运用方案未获得批复或未备案	√		
37		水库调度运用方案可操作性差		√	
38		未按要求对水库调度运用方案进行演练		√	小Ⅰ型、重要小Ⅱ型

（续表）

问题序号	检查项目	问题描述	问题等级		
			一般	较重	严重
39	安全管理（防汛）应急预案	无安全管理（防汛）应急预案			√
40		安全管理（防汛）应急预案未获得批复或未备案		√	
41		安全管理（防汛）应急预案可操作性差		√	
42		未按要求对安全管理（防汛）应急预案进行演练		√	
（四）日常巡查及维修养护					
43	巡查（巡检）	巡查（巡检）通道不满足巡查（巡检）需要		√	
44		未对大坝进行安全监测，采集监测数据（如有要求）		√	
45		未及时整理分析监测资料，以致不能掌握大坝运行状况（如有要求）		√	
46	工程维护	未按要求进行日常维护	√		
47		对影响大坝安全的白蚁危害等安全隐患未及时进行处理		√	
48		工程实体存在其他问题未及时处理	一般小型水库	重要小型水库	影响运行安全
49	安全监测设备、设施维护	安全监测设备、设施保护不到位	√		
50		设备设施、软硬件系统报警未及时处理		√	
51		未及时发现安全监测设备、设施维护存在的问题或发现问题后未按规定报告或处理		√	影响运行安全
（五）运行管理					
52	调度运用	未按调度运用方案或防汛指挥机构的统一指挥调度运行			√
53		非汛期超标准蓄水		采取放水措施	未采取放水措施
54		水库汛期超汛限水位运行		采取放水措施	未采取放水措施或溢洪道有障碍未及时清除
55		安全鉴定为三类坝未按规定控制蓄水运行			√

（续表）

问题序号	检查项目	问题描述	问题等级		
			一般	较重	严重
56	安全鉴定	未按要求开展大坝安全鉴定（具体要求参照《水库大坝安全鉴定办法》）		√	从未按要求开展过安全鉴定
57		安全鉴定实施单位资质不符合规定	√		
58		安全鉴定报告内容不符合规定		√	
59		鉴定或认定结论尚未处理	一类坝	二类坝	
60		对符合降等或报废条件的小型水库未按规定实施降等或报废	√		
61	应急管理	未结合安全管理（防汛）应急抢险需要成立应急抢险与救援队伍		√	
62		未储备必要的应急物资		√	
63		防汛通道和通信手段不满足应急抢险需要			√
64		缺少必要的管理用房	√		
65		泄洪建筑物设闸控制的水库无备用电源		√	
66		未与县级水利部门或气象部门建立沟通联络机制，不能通过电话、短信等方式及时获得相关部门的特殊天气预报信息		√	
67	其他	大坝管理和保护范围内存在爆破、打井、采石、采矿、挖沙、取土、修坟等危害大坝安全的行为			√
68		大坝的集水区域内存在乱伐林木、陡坡开荒等导致水库淤积的行为			√
69		库区内存在围垦和进行采石、取土等危及山体的行为			√
70		在坝体违规修建码头、开挖渠道、超载堆放杂物等			√
71		在坝体堆放杂物、晾晒粮草等，不影响坝体安全和应急抢险		√	
72		在水库管理范围内违规建设房屋、养殖场等			√
73		坝体周边存在垃圾围坝，未及时清理	√		

备注：1. 分类标准未列的运行管理问题可参照类似问题和《水利工程运行管理监督检查办法（试行）》进行认定。

2. 重要小型水库是指需重点防范、重点保护、重点管理的小型水库，如水库下游人口密集、工矿企业多、库水作为重要生活供水水源等，发生险情后会造成严重后果的小型水库，检查人员根据水库实际情况判断。

表 4.7 督导检查问题清单——工程缺陷分类标准

问题序号	检查项目	问题描述	问题等级		
			一般	较重	严重
（一）工程实体					
1	挡水建筑物	混凝土或砌石坝坝身存在漏水现象，土石坝坝后存在散浸现象	轻微渗漏	明显渗漏	渗漏范围和渗漏量不断增大，影响运行安全
2		土石坝渗流异常且出现流土、管涌或漏洞现象			√
3		存在明显变形、不稳定或有滑坡迹象			√
4		存在裂缝、塌坑、凹陷、隆起等现象		√	影响运行安全
5		土石坝反滤排水缺失、破损、塌陷、淤堵	15 m 以下低坝	坝高 15～30 m	坝高 30 m 以上
6		存在蚁害及动物洞穴等孔洞		√	影响运行安全
7		近坝库岸存在不稳定边坡		存在裂缝、位移、危岩、落石等情况	已有失稳趋势
8		排水沟塌陷或存在淤堵	不影响排水	影响排水	
9	泄洪建筑物	无泄洪建筑物（如有要求）			√
10		行洪设施不符合相关规定和要求，如未按要求设置消力池、溢洪道未连接河道或洪水无散流条件等			√
11		泄洪建筑物不能正常运行，如闸门无法开启、加设子堰、人为设障（拦鱼栅、拦鱼网）等			√
12		存在明显变形、不稳定或有滑坡迹象		√	泄洪建筑物位于土坝上或采用坝下泄洪洞
13		存在裂缝、塌坑、凹陷、隆起等		√	泄洪建筑物位于土坝上或采用坝下泄洪洞
14		岸坡及边墙失稳		√	泄洪建筑物位于土坝上或采用坝下泄洪洞
15		泄洪时，冲刷坝体及下游坝脚等			√
16		溢洪道基础及边墙渗水	轻微渗漏不影响运行安全	明显渗漏影响运行安全	泄洪建筑物位于土坝上或采用坝下泄洪洞
17		泄洪通道不畅通，如溢洪道内存在自然生长的杂草灌木、沉积树枝落叶、渣土和杂物堆积等		√	

(续表)

问题序号	检查项目	问题描述	问题等级		
			一般	较重	严重
18	放水建筑物	放水建筑物不能正常运行,如闸门无法开启或关闭、进水口淤堵等		√	
19		存在明显变形、不稳定或有滑坡迹象		√	坝下埋涵(管)
20		存在裂缝、塌坑、凹陷、隆起等		√	坝下埋涵(管)
21		涵(洞、虹吸管)出口附近有渗漏		√	坝下埋涵(管)
22		管(洞)身有损坏、渗漏		√	坝下埋涵(管)
23		出口段水流有杂物带出、浑浊		√	坝下埋涵(管)
24	除险加固	应除险加固未除险加固			√
25		未按批复内容实施除险加固		√	影响运行安全
26		除险加固后投入运行前未蓄水验收		√	
27		实施除险加固过程中存在违规行为		√	影响运行安全
28		未如期下达投资计划实施除险加固		√	影响运行安全
29		除险加固超设计工期		√	影响运行安全
30		水库实施除险加固后仍存在隐患		√	影响运行安全
31	其他	擅自实施或未及时发现并制止各类影响工程泄洪能力的行为			√
32		坝下建筑物与坝体连接部位有接触渗漏现象或失稳征兆		√	
33		工程存在其他实体缺陷	√	√	影响运行安全
(二) 设备设施					
34	金结机电设备	闸门及启闭设施(如有)已无法启闭			√
35		闸门及启闭设施锈蚀、变形		√	
36		闸门主要承重件出现裂缝		√	
37		闸门门体止水装置老化	√		
38		闸门漏水	√	漏水严重	
39		钢丝绳锈蚀、断丝		√	
40		钢丝绳或螺杆达到报废标准未报废	维修良好	维修不善	影响安全且维修不善
41		电气设备及备用电源故障		√	
42		绝缘、接地和避雷等设施不符合要求	√		

（续表）

问题序号	检查项目	问题描述	问题等级		
			一般	较重	严重
43	安全监测设备	未按要求设置必要的安全监测设备设施		√	
44		安全监测设备设施损坏、失效		√	
45	标识、标牌	未设置公示牌		√	
46		公示牌存在错误或虚假信息,如未载明"三个责任人"及其联系方式、公示内容与实际不符等		√	
47		公示牌和重要警示标识等设置位置不醒目	√		
48		重要设备、设施铭牌标识缺失	√		
49	其他	设备设施存在其他实体缺陷	√	√	影响运行安全

备注:分类标准未列的运行管理问题可参照类似问题和《水利工程运行管理监督检查办法(试行)》进行认定。

3. 全省河湖堤防工程运行管理检查

根据《省水利厅办公室关于开展全省河湖堤防工程运行管理检查的通知》(苏水办河湖〔2020〕10号),为全面摸清汛后河湖堤防工程存在的险工险段、薄弱环节和水毁情况,有计划地组织实施修复和除险加固,组织开展全省河湖堤防工程运行管理检查。

（1）总体要求。

按照水利改革发展"补短板、强监管、提质效"总基调要求,以及河湖堤防工程巡查管控"属地负责、应查尽查、防治结合、分类处置"的基本原则,重点排查汛期新出现的河湖堤防工程险工险段情况及已入库堤防工程险工险段的整改复核情况,切实加强险工险段运行管理,全力保障堤防运行安全。

（2）检查范围。

13个设区市辖区内的5级以上河湖堤防(包括主海堤),重点是流域性河道、省管湖泊堤防及其他3级以上河湖堤防,各地排查入库的堤防险工险段。

（3）检查内容。

① 汛期新增险工险段和水毁工程。各单位要突出重点,加大对薄弱环节的检查力度,针对汛期中出现的各类河湖堤防水毁工程和暴露出的险工险段、薄弱环节等重点检查,必要时由地方水行政主管部门对险工隐患堤段组织专业检测或探察,形成汛期新出现的险工险段和水毁工程名录,为年度堤

防工程维修项目申报提供依据。

② 复核已入库的险工险段整改情况。针对前阶段各设区市按照《省水利厅办公室关于开展堤防工程险工险段排查的通知》(苏水办河湖〔2019〕5号)部署要求,排查报省并录入水利部堤闸管理信息系统数据库的239处堤防工程险工险段名录,深入细致地复核堤防险工险段整改情况:已整改完成并符合要求的,可予以销号处理;尚未完成整改的,要按照分类处置机制要求明确处置方案和处置时限。

(4)检查情况。

省秦淮河水利工程管理处组织对秦淮河流域(含秦淮河干流、句容河、溧水河)、滁河流域(南京段)、石臼湖、固城湖、水阳江堤防险工险段整改情况进行了现场检查。检查组采取现场检查、查阅相关资料、现场交流的方式,重点检查汛期中出现的堤防水毁工程和暴露出的险工险段、薄弱环节,对报省并录入水利部堤闸管理信息系统数据库的堤防工程险工险段相关整改情况进行复核,及时掌握流域堤防工程险工险段运行管理现状。经查看,汛期出险点均已做应急处置,并基本列入消险工程项目计划,无未整改的险工险段。

4. 全省河湖堤防及大中型水闸工程运行管理检查

根据《省水利厅办公室关于开展全省河湖堤防及大中型水闸工程运行管理检查的通知》(苏水办河湖〔2021〕2号),为全面掌握我省河湖堤防及大中型水闸工程存在的风险隐患,及早及时落实整改措施,确保工程安全度汛,开展全省河湖堤防及大中型水闸工程运行管理检查工作。

(1)检查范围。

我省723条骨干河道、137个在册湖泊堤防及主海堤;大中型水闸工程。重点是33条流域性河道、13个省管湖泊堤防及其大中型水闸工程,各地排查入库的堤防险工险段等。

(2)检查内容。

① 堤防工程运行管理情况。各设区市要对河湖堤防工程进行全面检查,全面掌握堤防工程日常巡查、专项检查等制度的建立和运行情况,堤防工程度汛预案和应急抢险预案制定和执行情况等。

② 新增险工险段和水毁工程。突出重点,加大对薄弱环节的检查力度,针对汛前出现的各类河湖堤防水毁工程和暴露出的险工险段、薄弱环节等重点检查,必要时由水行政主管部门组织对险工隐患堤段进行专业检测或探察,形成汛前新出现的险工险段和水毁工程名录。

③ 已入库的险工险段整改情况。针对前阶段各设区市排查报省并录入水利部堤闸管理信息系统数据库堤防工程的险工险段,深入细致复核其整改情况,已整改完成并符合要求的及时销号处理;尚未完成整改的,要按照分类处置要求,督促责任单位根据处置方案尽快完成整改。

④ 大中型水闸工程。各设区市要对流域性河湖堤防上的大中型水闸进行全面检查,查清水利工程安全状况,重点检查工程运行关键部位、主要设备、工程隐蔽部位和薄弱环节、安全监测设施及安全监测工作开展情况,存在问题的处理措施;对安全鉴定为三、四类的病险水闸工程,重点检查安全运行责任落实情况、除险加固或拆除重建计划制订情况、应急预案及限制运行措施落实情况、工程运行状况监测情况等。对排查中发现的问题要分析原因,研究对策,分类制定整改措施并限期完成。

(3) 检查情况。

省秦淮河水利工程管理处根据文件要求,组织成立了 4 个检查小组对固城湖、石臼湖、秦淮河、水阳江、滁河等流域堤防、大中型水闸工程运行管理及堤防险工险段整改情况进行了检查。

① 堤防工程运行管理情况。

总体来说,河道堤防的管护主体责任落实到位,选取了具有专业资质的管护公司对河道进行管护,管护工作的内容主要为河道管护范围内河道保洁、河道巡查、绿化养护、建立管护资料档案等。管护主体责任单位保障经费到位,通过对河道堤防管护效果的考核与监管,严格各类巡查制度和登记、报备制度,从严履行河道堤防管理职能,确保了河道顺畅、堤防安全运行。

② 已入库的险工险段整改与在建工程情况。

基本按项目进度要求开展施工、验收等。未发现新增险工险段和水毁工程。

③ 大中型水闸情况。

管理单位均落实了防汛行政责任人,责任人履职到位;按要求配备了专职管护人员进行日常的维修养护;按规定开展水闸检查(日常、定期、专项)工作,各项主体工程安全可靠,机电设备及自动化系统正常运行,同时按规定运行年限开展水闸安全鉴定、管理范围划界工作,工程总体运行正常。

④ 检查中存在的问题。

某水利工程启闭机存在漏油现象,现场部分台账缺少签字,建议加强日常养护,按相应规定整理完善管理台账。

4.3　建立联合执法机制

4.3.1　建立水行政联合执法机制的背景

近年来,对水事违法行为和水事案件的查处表明,违法行为出现了新的趋向:一是违法者由个人向单位、组织转化。二是违法手段由激情违法向有预谋违法转化,违法案值由小数量向大数量转化。三是违法地点由固定场所向移动违法转化。四是违法范围由区域(点)向流域(线、面)转化。五是违法方式由偷偷摸摸向明目张胆转化(违法建设等)。上述种种水事违法行为的特点都要求水行政处罚机关建立水行政联合执法机制。

1. 建立水行政联合执法机制的实体法依据

(1) 水法律、行政法规依据。

从水资源属性管理上,《中华人民共和国水法》第十二条第三款授权"国务院水行政主管部门在国家确定的重要江河、湖泊设立的流域管理机构(以下简称流域管理机构),在所管辖的范围内行使法律、行政法规规定的和国务院水行政主管部门授予的水资源管理和监督职责"。因而水利部在长江、黄河、淮河、海河、珠江、松花江辽河、太湖设立了7大流域管理机构。从防洪的角度,《中华人民共和国防洪法》第五条规定"防洪工作按照流域或者区域实行统一规划、分级实施和流域管理与行政区域管理相结合的制度",第八条规定"国务院水行政主管部门在国务院的领导下,负责全国防洪的组织、协调、监督、指导等日常工作……流域管理机构,在所管辖的范围内行使法律、行政法规规定和国务院水行政主管部门授权的防洪协调和监督管理职责"。就河道管理而言,《中华人民共和国河道管理条例》第五条规定"国家对河道实行按水系统一管理和分级管理相结合的原则",第七条规定"河道防汛和清障工作实行地方人民政府行政首长负责制"。

(2) 江苏省地方性法规、规章依据。

《江苏省水利工程管理条例》第四条规定"县级以上人民政府的水利部门,是水利工程的主管部门,并可根据工程管理需要,设置水利工程管理机构",第三十条规定"经省人民政府批准设置的水利工程管理机构,对在其管理的水利工程管理范围内的违反本条例的行为,可以依照前款规定进行行政处罚"。《江苏省防洪条例》第六条规定"经省人民政府批准设立的水利工程管理机构,在其管辖范围内行使水行政主管部门委托的具体防洪管理职责",第二十五条规定"沂沭泗、洪泽湖、里下河、长江、秦淮河、太湖等区域可以设立防汛联防指挥机构,在省防汛指挥机构统一领导下,负责组织协调区域内的防汛抗洪工作,其办事机构设在相关省属水利工程管理单位"。《江苏省水资源管理条例》第四十九条规定"在省水利工程管理范围内,经省人民政府批准成立的水利工程管理机构可以实施有关行政处罚"。

上述规定表明,无论是法律、行政法规还是江苏省地方性法规、规章,其河湖管理原则都规定"流域与行政区域"相结合。这也从水行政实体法角度为建立省市水行政执法联合运行机制,提供了法律、法规、规章支撑。

2. 建立水行政执法联合运行机制的程序法依据

(1)《中华人民共和国行政处罚法》关于行政处罚中综合执法、授权执法的实施问题。

该法第十七条规定:"行政处罚由具有行政处罚权的行政机关在法定职权范围内实施。"关于委托实施行政处罚的问题,该法第二十条规定:"行政机关依照法律、法规、规章的规定,可以在其法定权限内书面委托符合本法第二十一条规定条件的组织实施行政处罚。行政机关不得委托其他组织或者个人实施行政处罚。……委托行政机关对受委托组织实施行政处罚的行为应当负责监督,并对该行为的后果承担法律责任。受委托组织在委托范围内,以委托行政机关名义实施行政处罚;不得再委托其他组织或者个人实施行政处罚。"而此处受委托组织的条件则为该法二十一条规定:"(一)依法成立并具有管理公共事务职能;(二)有熟悉有关法律、法规、规章和业务并取得行政执法资格的工作人员;(三)需要进行技术检查或者技术鉴定的,应当有条件组织进行相应的技术检查或者技术鉴定。"

(2)水利部《水行政处罚实施办法》关于水行政执法管辖、委托执法等的有关规定。

该办法第三章为关于水行政处罚的实施机关和执法人员的规定,其第九条规定:"依照法律、法规的规定,下列机关以自己的名义独立行使水行政处罚权:……(三)地方性法规授权的水利管理单位……"该办法第四章为关于水行政处罚的管辖的规定,其第十八条规定:"除法律、行政法规另有规定的外,水行政处罚由违法行为发生地的县级以上地方人民政府水行政主管部门管辖。上级水行政主管部门有权管辖下级水行政主管部门管辖的水行政处罚。下一级水行政主管部门对其管辖的水行政处罚,认为需要由上一级水行政主管部门管辖的,可以报请上一级水行政主管部门决定。对管辖发生争议的,应当协商解决或者报请共同的上一级水行政主管部门指定管辖。"第十九条规定:"法律、法规授权组织管辖其职权范围内的水行政处罚。"

上述规定从行政程序法角度,为建立省市水行政执法联合运行机制提供了依据。

4.3.2　建立水行政联合执法机制的实践

水政监察队伍要做到执法协作畅通,就必须建立完善水政监察队伍与水管单位中河湖科、工管科、安监科、办公室等相关职能业务科室的衔接、协调、配合机制,做到职权清晰、责任明确、无缝衔接、配合有力。

水政监察队伍应完善执法机制,加强与公安、海事、渔政等部门的执法联动。制定水政联合执法巡查制度,开展日常巡查,对水事违法行为进行查处,加强"两法衔接"、案件移送,深化依法治水。

以在全省率先完成了水利工程安全警戒区划定工作的江苏省秦淮河水利工程管理处为例,管理处积极与南京市地方水利、市政、交通、海事等部门联系、协调,切实解决好警戒区划定工作中出现的各类矛盾和问题。完善了水政各项管理制度,建立健全联动机制。管理处与南京市公安局水上分局内河派出所、南京市保安服务总公司水上分公司签订水行政联合执法协议书,建立联合执法长效机制,发挥"两法衔接"机制作用;依法履行各自职责,建立畅通的联络方式,通过联合行动和信息共享,及时查处水事违法行为,维护水事秩序。每月开展联合执法巡查,定期开展联合执法专项行动,遇特殊情况增加巡查频次,并做好巡查记录台账。对工程管理范围内违反《江苏省水利工程管理条例》《江苏省河道管理条例》《中华人民共和国长江保护法》等相关条款的违法行为进行查处。巡查范围按照《省水政监察总队秦淮河支队水行政执法巡查工作方案》中规定的工程管理范围、巡查制度及路线图,开展日常管理巡查,查处违法行为,实施行政处罚。南京市公安局水上分局内河派出所、南京市保安服务总公司水上分公司定期安排警员到甲方指导有关行政执法的工作,并对水行政执法人员进行操训等业务指导;为管理处进行违法违章行为调查过程中出现的当事人阻碍执法人员依法调查取证、难以送达执法文书、寻衅滋事、暴力抗法等行为提供警力协助,并依法查处。

4.3.3 建立水行政联合执法机制的思考

(1) 政府主导、水行政主管部门牵头、跨行业的联合执法运行机制模式的建立是鉴于河道湖泊涉及众多的管理部门,水利部门只是其中的一个部门(当然是主管部门),其他诸如渔业、交通、国土、环保、林业、农业、旅游、开发、公安、城管(市政)等行政部门,都不同程度、不同侧面地涉及河道湖泊的开发、利用、节约、保护和管理。从综合管理的角度有必要建立跨行业的省、市、县联合执法运行机制。从目前的实践看,联席会议的形式是行之有效的,即以政府名义、水利部门实际牵头,综合该河道湖泊流域、区域的相关管理部门,建立定期会议制度、检查(巡查)制度、联系人制度等。该机制优势在于能形成齐抓共管、综合治理的态势,促使违法者改过伏法。

(2) 流域(区域)性水行政联合执法运行机制模式。

以河道湖泊形成的流域为范围,建立由上级水行政主管部门牵头,所在流域省、市、县(市、区)水行政主管部门及河湖管理单位参加的水行政联合执法机制。主要实施涉及该流域河道湖泊管理范围的定期、不定期的水行政执法监督检查、重大水行政处罚案件的联合调查、重大水行政强制执行的落实。该机制的优势在于能综合运用广泛的水行政行为,促使水事违法行为人遵守水法规。

(3) 日常性水行政联合执法运行模式。

一般以行政区划为范围,建立由上级水行政主管部门牵头,所在区域省、市、县(市、区)及相关河湖管理单位参加的水行政联合执法机制。主要实施涉及河道、湖泊管理范围的定期水行政执法监督检查(巡查)。如每年组织开展汛前、汛中、汛后水行政执法联合巡查,及时发现、处理水事违法行为,督查、督办重大水事违法案件,组织实施重大水行政强制。该机制的优势在于能够及时发现、查处水事违法行为,降低执法成本,减少执法难度。

(4) 专项性(突击性)水行政联合执法运行模式。

建立由上级水行政主管部门牵头,所在流域(区域)省、市、县(市、区)及相关河湖管理单位参加的水行政联合执法机制。主要实施涉及河道、湖泊管理范围专门事项的水行政执法监督检查(巡查)。如涉及河道、湖泊的非法圈圩、采砂、建设、排污、垦殖等行为的专项水行政执法联合巡查、监督检查、督查督办;组织查处重大水事违法案件;组织实施重大水行政强制执行。该机制的优势在于能使水行政执法更加专业化、精细化。

4.4　河湖长制下水行政管理新模式

4.4.1　河湖长制的提出

江河湖泊具有重要的资源功能、生态功能和经济功能。全国各地积极采取措施，加强河湖治理、管理和保护工作，但是随着经济社会的快速发展，我国河湖管理保护出现了一些新问题，如一些地区入河湖污染物排放量居高不下，一些地方侵占河道、围垦湖泊、非法采砂现象时有发生。

"河长制"可追溯至 2007 年 5 月，江苏省无锡市为化解"太湖蓝藻暴发"危机，提出了破解水环境治理困局，需要流域区域协调作战的思路。2007 年 8 月，《无锡市河(湖、库、荡、汊)断面水质控制目标及考核办法(试行)》明确将 79 个断面水质的监测结果纳入市、县(市、区)主要负责人的政绩考核，主要负责人也因此获得了"河长"的头衔。

2008 年，江苏省政府办公厅下发《关于在太湖主要入湖河流实行双河长制的通知》(苏政办发〔2008〕49 号)，15 条主要入湖河流由省、市两级领导共同担任河长，江苏省双河长制工作机制正式启动。随后河长制的相关管理制度不断完善，建立了断面达标整治地方首长负责制，将河长制实施情况纳入流域治理考核，印发河长工作意见，定期向河长通报水质情况及存在问题。2012 年，江苏省政府办公厅印发了《关于加强全省河道管理"河长制"工作意见》的通知(苏政办发〔2012〕166 号)，在全省推广河长制。截至 2015 年，全省 727 条骨干河道 1 212 个河段的河长、河道具体管护单位和管护人员基本落实到位，基本实现了组织、机构、人员、经费的"四落实"。

党中央、国务院高度重视水安全和河湖管理保护工作。习近平总书记强调，保护江河湖泊，事关人民群众福祉，事关中华民族长远发展。党的十八大以来，中央提出了一系列生态文明建设特别是制度建设的新理念、新思路、新举措。在深入调研、总结地方经验的基础上，2016 年 10 月 11 日，中央全面深化改革领导小组第二十八次会议审议通过了《关于全面推行河长制的意见》。会议强调，全面推行河长制，目的是贯彻新发展理念，以保护水资源、防治水污染、改善水环境、修复水生态为主要任务，构建责任明确、协调有序、监管严格、保护有力的河湖管理保护机制，为维护河湖健康生命、实现河湖功能永续利用提供制度保障。要加强对河长的绩效考核和责任追究，对造成生态环境损害的,严格按照有关规定追究责任。2016年11月28日,中共中央办公厅、国务院办公厅印发了《关于全面推行河长制的意见》(厅字〔2016〕42号,以下简称《意见》),要求各地区各部门结合实际认真贯彻落实河长制,标志着河长制从局地应急之策正式走向全国,成为国家生态文明建设的一项重要举措。《意见》体现了鲜明的问题导向,贯穿了绿色发展理念,明确了地方主体责任和河湖管理保护各项任务,具有坚实的实践基础,是水治理体制的重要创新,对于维护河湖健康生命、加强生态文明建设、实现经济社会可持续发展具有重要意义。

4.4.2 《水利部关于加强河湖水域岸线空间管控的指导意见》

河湖是水资源的重要载体,是生态系统的重要组成部分,事关防洪、供水、生态安全。空间完整、功能完好、生态环境优美的河湖水域岸线,是最普惠的民生福祉和公共资源。全面推行河湖长制以来,各地落实责任,强化管理,河湖面貌明显改善。同时,一些地区人为束窄、侵占河湖空间,过度开发河湖资源、与水争地等问题仍然存在。为进一步加强河湖水域岸线空间管控,复苏河湖生态环境,实现人水和谐共生,依据《中华人民共和国水法》《中华人民共和国防洪法》《中华人民共和国河道管理条例》《水库大坝安全管理条例》等法律法规,提出如下意见。

一、总体要求

以习近平新时代中国特色社会主义思想为指导,全面贯彻党的十九大和十九届历次全会精神,完整、准确、全面贯彻新发展理念,认真践行"节水优先、空间均衡、系统治理、两手发力"的治水思路,坚持以人民为中心,把保护人民生命财产安全和满足人民日益增长的美好生活需要摆在首位,统筹发展和安全,确保防洪、供水、生态安全,兼顾航运、发电、减淤、文化、公共休闲等需求,强化河湖长制,严格管控河湖水域岸线,强化涉河建设项目和活动管理,全面清理整治破坏水域岸线的违法违规问题,构建人水和谐的河湖水域岸线空间管理保护格局,不断提升人民群众的获得感、幸福感、安全感。

二、明确河湖水域岸线空间管控边界

(一)完善河湖管理范围划定成果。河湖管理范围划定是河湖管理保护的重要基础性工作,要抓紧完善第一次全国水利普查名录内河湖划界成果,在"全国水利一张图"上图,同步推进水利普查以外其他河湖管理范围划定工作。对于不依法依规，降低划定标准人为缩窄河道管理范围，故意避让村镇、农田、基础设施以及建筑物、构筑物等问题，各流域管理机构、各省级水行政主管部门要督促有关地方及时整改，并依法公告。做好河湖划界与"三区三线"划定等工作的对接，积极推进与相关部门实现成果共享。

（二）因地制宜安排河湖管理保护控制带。依法依规划定的河湖管理范围，是守住河湖水域岸线空间的底线，严禁以任何名义非法占用和束窄。各地可结合水安全、水资源、水生态、水环境及河湖自然风貌保护等需求，针对城市、农村、郊野等不同区域特点，根据相关规划，在已划定的河湖管理范围边界的基础上，探索向陆域延伸适当宽度，合理安排河湖管理保护控制地带，加强对河湖周边房地产、工矿企业、化工园区等"贴线"开发管控，让广大人民群众见山见水，共享河湖公共空间。法律法规另有规定的，从其规定。

三、严格河湖水域岸线用途管制

（三）严格岸线分区分类管控。加快河湖岸线保护与利用规划编制审批工作，省级水行政主管部门组织提出需编制岸线规划的河湖名录，明确编制主体，并征求有关流域管理机构意见。按照保护优先的原则，合理划分岸线保护区、保留区、控制利用区和开发利用区，严格管控开发利用强度和方式。要将岸线保护与利用规划融入"多规合一"国土空间规划体系。

（四）严格依法依规审批涉河建设项目。严格按照法律法规以及岸线功能分区管控要求等，对跨河、穿河、穿堤、临河的桥梁、码头、道路、渡口、管道、缆线、取水、排水等涉河建设项目，遵循确有必要、无法避让、确保安全的原则，严把受理、审查、许可关，不得超审查权限，不得随意扩大项目类别，严禁未批先建、越权审批、批建不符。

（五）严格管控各类水域岸线利用行为。河湖管理范围内的岸线整治修复、生态廊道建设、滩地生态治理、公共体育设施、渔业养殖设施、航运设施、航道整治工程、造（修、拆）船项目、文体活动等，依法按照洪水影响评价类审批或河道管理范围内特定活动审批事项办理许可手续。严禁以风雨廊桥等名义在河湖管理范围内开发建设房屋。城市建设和发展不得占用河道滩地。光伏电站、风力发电等项目不得在河道、湖泊、水库内建设。在湖泊周边、水库库汊建设光伏、风电项目的，要科学论证，严格管控，不得布设在具有防洪、供水功能和水生态、水环境保护需求的区域，不得妨碍行洪通畅，不得危害水库大坝和堤防等水利工程设施安全，不得影响河势稳定和航运安全。各省（自治区、直辖市）可结合实际依法依规对各类水域岸线利用行为作出具体规定。

（六）依法规范河湖管理范围内耕地利用。对河湖管理范围内的耕地，结合"三区三线"划定工作，在不妨碍行洪、蓄洪和输水等功能的前提下，商自然资源部门依法依规分类处理。原则上，对位于主河槽内、洪水上滩频繁（南方地区可按5年一遇洪水位以下，北方地区可按3年一遇洪水位以下）、水库征地线以下、长江平垸行洪"双退"圩垸内的不稳定耕地，应有序退出。对于确有必要保留下来的耕地及园地，不得新建、改建、扩建生产围堤，不得种植妨碍行洪的高秆作物，禁止建设妨碍行洪的建筑物、构筑物。严禁以各种名义围湖造地、非法围垦河道。

四、规范处置涉水违建问题

（七）依法依规处置。统筹发展和安全，严守安全底线，聚焦河湖水域岸线空间范围内违法违规建筑物、构筑物，依法依规、实事求是、分类处置，不搞"一刀切"。

（八）对增量问题"零容忍"。2018年底河湖长制全面建立，将2019年1月1日以后出现的涉水违建问题作为增量问题，坚决依法依规清理整治。

（九）对存量问题依法处置。将1988年6月《中华人民共和国河道管理条例》出台后至2018年底的涉水违建问题作为存量问题，依法依规分类处理。对妨碍行洪、影响河势稳定、危害水工程安全的建筑物、构筑物，依法限期拆除并恢复原状；对桥梁、码头等审批类项目进行防洪影响评价，区分不同情况，予以规范整改，消除不利影响。

（十）对历史遗留问题科学评估。将1988年6月《中华人民共和国河道管理条例》出台前的涉水违建问题作为历史遗留问题，逐项科学评估，影响防洪安全的限期拆除，不影响防洪安全或通过其他措施可以消除影响的可在确保安全的前提下稳妥处置。

五、推进河湖水域岸线生态修复

（十一）推进河湖水域岸线整治修复。组织开展岸线利用项目清理整治，对违法违规占用岸线，妨碍行洪、供水、生态安全的项目要依法依规予以退出，对多占少用、占而不用等岸线利用项目进行优化调整。积极推进退圩还湖，逐步恢复湖泊水域面积，提升调蓄能力。按照谁破坏、谁修复的原则，对受损岸线进行复绿和生态修复，可结合河湖治理等工作统筹开展。岸线整治修复应顺应原有地形地貌，不改变河道走向，不大挖大填，不束窄或减少行洪、纳潮断面，不进行大面积硬化，尽量保持岸线自然风貌。

（十二）规范沿河沿湖绿色生态廊道建设。依托河湖自然形态，充分利用河湖周边地带，因地制宜建设亲水生态岸线，推进沿河沿湖绿色生态廊道建设，打造滨水生态空间、绿色游憩走廊。生态廊道建设涉及绿化或种植的，不得影响河势稳定、防洪安全，植物品种、布局、高度、密度等不得影响行洪通畅，除防浪林、护堤林外不得种植影响行洪的林木。具备条件的河段，滩地绿化可与防浪林、护堤林建设统筹实施。

六、提升河湖水域岸线监管能力

（十三）加强组织领导。地方各级河长办要切实履行组织、协调、分办、督办职责，及时向本级河湖长报告责任河湖水域岸线空间管控情况，提请河湖长研究解决重大问题，部署安排重点任务，协调有关责任部门共同推动河湖水域岸线空间管控工作。各级水行政主管部门要切实加强本地区河湖水域岸线管控工作，强化规划约束，严格审批监管，加强日常管理，确保水域岸线空间管控取得实效。流域管理机构要发挥统一规划、统一治理、统一调度、统一管理作用，切实履行流域省级河湖长联席会议办公室职责，建立健全与省级河长制办公室协作机制，全面加强对流域内河湖水域岸线空间管控工作的协调、指导、监督、监测。

（十四）加强日常监管执法。加大日常巡查监管和水行政执法力度，强化舆论宣传引导，畅通公众举报渠道，探索建立有奖举报制度，及时发现、依法严肃查处侵占河湖水域岸线、影响河势稳定、危害河岸堤防安全和其他妨碍河道行洪的违法违规问题，严肃查处未批先建、越权审批、批建不符的涉河建设项目。坚持日常监管与集中整治相结合，充分发挥河湖长制平台作用，纵深推进河湖"清四乱"常态化规范化，坚决遏增量、清存量，继续以长江、黄河、淮河、海河、珠江、松花江、辽河、太湖和大运河、南水北调工程沿线等为重点，开展大江大河大湖清理整治，并向中小河流、农村河湖延伸。加强行政与公安检察机关互动，完善跨区域行政执法联动机制，完善行政执法与刑事司法衔接、与检察公益诉讼协作机制，提升水行政执法质量和效能。

（十五）加强河湖智慧化监管。实现部省河湖管理信息系统互联互通。加快数字孪生流域（河流）建设，充分利用大数据、卫星遥感、航空遥感、视频监控等技术手段，推进疑似问题智能识别、预警预判，对侵占河湖问题早发现、早制止、早处置，提高河湖监管的信息化、智能化水平。利用"全国水利一张图"及河湖遥感本底数据库，及时将河湖管理范围划定成果、岸线规划分区成果、涉河建设项目审批信息上图入库，实现动态监管。

（十六）强化责任落实。地方各级河长办、水行政主管部门要加强河湖水域岸线空间管控的监督检查，建立定期通报和约谈制度，对重大水事违法案件实行挂牌督办，按河湖长制有关规定，将河湖水域岸线空间管控工作作为河湖长制考核评价的重要内容，考核结果作为各级河湖长和相关部门领导干部考核评价的重要依据，加强激励问责，对造成重大损害的，依法依规予以追责问责。

4.4.3　河湖长制下创新执法模式

河长制是根据现行法律，坚持问题导向，落实党政领导河湖管理保护主体责任的一项制度创新。河长制以保护水资源、保障水安全、防治水污染、改善水环境、修复水生态和加强执法监管为主要任务，通过构建责任明确、协调有序、监管严格、保护有利的河湖管理保护机制，为维护河湖健康生命、实现河湖功能有序提供制度保障。

全面推行河长制是解决我国复杂水问题、维护河湖健康生命的有效举措。当前我国水安全呈现出新老问题相互交织的严峻形势，特别是水资源短缺、水生态损害、水环境污染等新问题愈加突出。河湖水系是水资源的重要载体，也是新老水问题体现最为集中的区域。近年来，各地积极采取措施加强河湖治理、管理和保护，取得了显著的综合效益，但河湖管理保护仍然面临严峻挑战。一些河流，特别是北方河流开发利用已接近甚至超出水环境承载能力，导致河道干涸、湖泊萎缩，生态功能明显下降；一些地区废污水排放量居高不下，超出水功能区纳污能力，水环境状况堪忧；一些地方侵占河道、围垦湖泊、超标排污、非法采砂等现象时有发生，严重影响河湖防洪、供水、航运、生态等功能发挥。解决这些问题，亟须大力推行河长制，推进河湖系统保护和水生态环境整体改善，维护河湖健康生命。

《中华人民共和国水法》规定："国家对水资源实行流域管理与行政区域管理相结合的管理体制。"《水利部关于加强河湖水域岸线空间管控的指导意见》中规定河长制的主要任务和保障措施，是对我国现行法律规定的水资源流域管理与区域管理的有机结合。首先，河长制在充分重视水资源跨界性自然属性的基础上，建立省、市、县、乡四级河长体系，能最大程度契合水资源跨界流域性特征。河长制所确立的"一级抓一级、层层抓落实"的工作格局，可以有效规避多个地方政府对跨界河流共同管理难以协调、各地方政府有利争夺、无利推诿甚至是以邻为壑的困局。这是对水资源流域管理制度的体系化规定。与此同时,我国各行政执法机构权限分配的原则是贯彻一种分散管理模式和分业体制,在这种体制下,我国涉水机构主要是以环境保护和水污染治理为主要任务的环保部门与以水资源管理和保护为主要任务的水行政主管部门——水利部门,另外,住建、农业、林业、发改、交通、渔业、海洋等部门也在相应领域内承担着与水有关的行业分类管理职能。这种分散管理体制导致了现有水资源管理体制中"多龙管水"的现状。河长制是在不突破现行"九龙治水"的权力配置格局下,通过具体措施更加有效地促使多个相关职能部门之间的协调与配合,并由当地党政负责人担任河长,可以整合相关职能部门的资源,实现集中管理。

加强水资源保护、加强河湖水域岸线管理与保护、加强水污染防治、加强水环境治理、加强水生态修复、加强执法监管。

全面推行河湖长制核心是以党政领导负责制为核心的责任制。各级河长负责组织领导相应河湖的管理和保护工作。各有关部门和单位按照职责分工,协同推进各项工作,河长办负责做好组织、协调、分办、督办工作,落实河长确定的事项。

1. 河湖"三乱"整治违法行为整改验收和销号办法

第一条　为了完成全省河湖"三乱"整治目标任务,提高整治质量,巩固整治成果,规范违法行为整改验收和销号工作,制定本办法。

第二条　本办法适用于省河长制工作办公室下发的省级领导担任河长湖长的河湖主要违法行为的整改验收和销号。

第三条　省河长制工作办公室负责验收、销号的组织工作,省水政监察总队负责牵头实施。

省水利厅工程管理处、水资源处、省防办室、省河道局配合做好相关工作。

省水利厅直属各水利工程管理处负责现场验收,审查整改资料。

第四条　各设区的市河长制工作办公室可以分批或者一次性,向省水政监察总队提出书面验收申请。

申请分批验收的,应当于每月 5 日前提出,并附违法行为的名录清单。

各设区的市河长制工作办公室应当要求相关单位做好验收准备。验收申请材料包括:

(一)省河长制工作办公室下达的整改意见;

(二)依法拆除的,提供前后对比影像、整改过程影像等资料;

(三)需要补办行政许可手续或者审批手续的,提供有管辖权的水利(务)

局或者流域管理机构出具的许可文件和审批文件；依法采取补救措施的，提供具体实施方案；

（四）涉及地形变化的项目，提供有资质单位出具的测量报告；

（五）需要提供的其他材料。

第五条 乱占行为的整改验收标准是：

（一）《江苏省湖泊保护条例》实施前已经围垦或者圈圩养殖的，当地政府需要制定退田（渔）还湖、退圩还湖计划，并组织实施；

（二）《江苏省湖泊保护条例》实施后非法圈圩的，圩堤应当清除至湖底高程，拆除地面建筑物、构筑物，取缔相关非法经济活动；

（三）非法围垦河道的，应当限期拆除违法占用河道滩地建设的围堤、护岸、阻水道路、拦河坝等，铲平抬高的滩地，恢复河道原状；

（四）河湖管理范围内违法挖筑的鱼塘、设置的拦河渔具、种植的碍洪林木及高秆作物，应当及时清除，恢复河道行洪能力；

（五）非法采砂、取土，大型采砂船大规模偷采绝迹，小型船只零星偷采露头就打；对非法采砂业主，依法处罚到位，情节严重、涉嫌犯罪的，及时移交司法机关；

（六）非法采砂船只，清理上岸，落实属地管理措施；非法堆砂场，按照河湖岸线保护要求进行清理整治。

第六条 乱建行为的整改验收标准是：

（一）对1988年《中华人民共和国水法》实施后、未经水行政主管部门许可或者不按审查同意要求建设的涉河项目，应当认定为违法建设项目，列入整治清单，分类予以拆除、取缔或者整改；

（二）涉河违法项目，能立即整改的，应当立即整改到位；难以立即整改的，应当提出整改方案，明确责任人和整改时间，限期整改到位；

（三）位于自然保护区、饮用水水源保护区、风景名胜区内的违法建设项目，应当按照有关法律法规进行清理整治。

第七条 乱排行为的整改验收标准是：

（一）非法取水、擅自建设取水工程或者设施的，责令停止违法行为，限期整改；拒不整改的，依法拆除或者封闭取水工程或者设施；

（二）堆放垃圾和固体废物点的，应当逐个落实责任，限期完成清理，恢复河湖自然状态；涉及危险、有害废物需要鉴别的，应当主动向地方人民政府、有关河长汇报，及时提交有关部门进行鉴别分类；

（三）擅自新建、改建、扩建排污口的，责令限期拆除，逾期不拆除的，强制拆除；排放未经处理或者处理未达标的废污水的，及时移送生态环境主管部门依法查处。

第八条　验收工作采取现场验收的形式进行。省水政监察总队依据各设区的市河长制工作办公室的验收申请，委派省水利厅相关直属水利工程管理处具体实施。

省河长制工作办公室、省水利厅有关处室和单位视情况参加部分重点违法行为的验收。

第九条　江苏省水利科学研究院为验收工作第三方技术评估单位，配合省水利厅各直属水利工程管理处对相关设区的市申请验收的违法行为逐项进行现场勘测。

第十条　符合下列情形的，应当予以通过验收：

（一）依法应当拆除的，已拆除并恢复原状；

（二）依法应当采取补救措施的，已按有权部门批准的方案采取补救措施，并通过当地水行政主管部门验收；

（三）依法应当补办手续的，已按照相关规定取得行政许可；

（四）依法应当给予行政处罚的，已经给予行政处罚并结案；

（五）依法移送相关部门的，出具相关移送文件或者资料以及相关部门办理的结果；

（六）符合法律法规的其他情形。

第十一条　验收应当形成验收意见。验收意见由负责验收的省水利厅各直属水利工程管理处、省水利科学研究院，相关市、县（市、区）水利（务）局、河长制工作办公室代表签字确认。验收结果由省水利厅直属水利工程管理处统一汇总上报省水政监察总队。

第十二条　省水政监察总队根据省水利厅直属水利工程管理处出具的验收意见，确认违法行为是否销号，并由省河长制工作办公室下达销号通知，按季度通报。

第十三条　对验收与销号工作中出现异议的，由省河长制工作办公室作出最终解释。

第十四条　本办法自颁布之日起实施。

2. 河湖库范围内涉水违法事件处理

(1) 流程(图 4.1)。

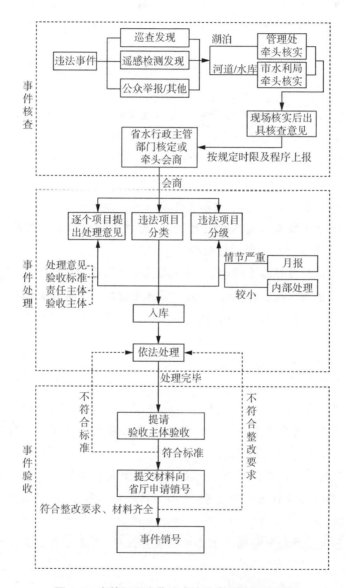

图 4.1　省管河湖库范围内违法事件处理流程图

1. 河湖库范围内涉水违法事件的核查

1.1　核查主体。经日常巡查、遥感监测、公众举报等途径发现的省管河湖库范围内涉水违法事件,涉及湖泊的由有关厅属管理处会同相关市、县水利局开展现场核查,涉及河道、水库的由有关市水利局会同相关厅属管理处和县(区)水利局开展现场核查。

1.2　核查要点。现场核查需对违法事件位置坐标、违法主体、违法时间、违法性质、违法规模、违法内容、违法情况、处罚情况、现场照片影像等情况进行全面核查。

1.3　事件分类。根据违法事件的建设内容等,违法事件分为码头、桥梁、管线、圈圩、堆场、渡口、港口、取水口、排水口、船闸、隧道等类型。

1.4　违法事件的分级。根据危害程度、违法性质的严重性等因素,违法事件分为特大、大型、中等、小型四个级别。

1.5　违法事件的核查意见。核查主体应根据现场核查情况,逐个项目出具核查意见,核查意见中应提出违法事件的初步分类、分级意见。

1.6　核查时限要求。日常巡查、公众举报发现的违法事件,巡查人员应在 2 个工作日内将核查情况报核查主体,核查主体应在 3 个工作日内将核查意见报省水行政主管部门;遥感监测发现的违法事件,核查主体应按照省水利厅的统一部署,按时上报核查意见。

2. 河湖库范围内涉水违法事件处理

2.1　事件入库。省水利厅定期对上报的违法事件组织会商,对上报的核查意见逐个审核,分类、分级、编号后统一入库。入库违法事件应提交位置坐标、现场照片影像、违法情况概述等信息资料。

2.2　分级处置。其中定性为"特大、大型、中等"的违法事件将录入省管湖泊巡查月报或省管河道、水库半年报中予以通报。定级为"较小"违法事件的可内部处理,定期跟踪情况。

2.3　处理意见。省水利厅将组织相关部门对入库的违法项目逐个分析提出处理意见,处理意见应包括:责任主体、督查主体、查处时限、验收标准、验收主体等相关内容。省水利厅将处理意见反馈相关单位,相关责任主体应按照处理意见,依法依规进行处理。

3. 河湖库范围内涉水违法事件验收

3.1　验收主体。按照整改意见处置完毕的违法事件责任主体可向验收主体申请验收。定性为特大型或省级督办的违法事件,由省级水行政主管部门负责组织验收。其他违法事件,涉及省管湖泊的由有关厅属管理处组织验收,涉及省管河道、水库的由所在设区市水行政主管部门验收。

3.2 验收准备材料。责任主体负责准备验收材料,涉及地形变化的项目还应提供有资质单位出具的测量报告。

3.3 事件验收。违法事件查处责任主体按照省水利厅确定处理意见,完成违法事件查处后,按要求向验收主体提交验收材料,验收主体收到材料5个工作日内,应完成现场核查和材料审核,并出具验收意见。对不满足验收标准或材料不符合要求的,及时返还责任主体重新处理或补正材料。

3.4 申请销号。验收主体对符合验收标准、材料齐全的违法事件,向省水利厅申请事件销号。对不符合整改要求的违法项目,责令违法主体继续整改。

3.5 对未按规定整改时限进行整改或者长期不进行整改的违法项目,省厅将制定案件性质升级或者提升督办级别等相应的惩治措施。

(2) 问题清单。

省级河长湖长交办单
××湖"两违"整治和相关水功能区水质达标任务交办单

××湖××市级湖长:

根据省委省政府开展河湖违法圈圩和违法建设专项整治的部署,你市境内排查出××湖"两违"整治任务1项(××区)。依据××年××月的监测结果,你市××湖××渔业、工业用水区水质均为×类,尚未达到××年××月底×类的目标。

请按照××年第××号《江苏省总河长令》关于全力打赢打好碧水保卫战和河湖保护战的要求,××月××日省委省政府全省河湖长制工作暨"两违"专项整治推进会议的部署,强化组织领导,明确工作责任,坚持依法依规,细化措施落实。对"两违"项目,通过采取补救措施能够消除影响的项目必须在××年××月底前整治到位。违法设施清楚后,要及时做好复岸复绿复原等工作,巩固成果、防止反弹。对尚未达到水质目标的水功能区,要倒排计划任务,制定切实可行的达标方案,多措并举加大治理力度,尽快达到水质目标要求。

交办人:

（3）验收销号。

关于××区××湖违法行为点整治情况的报告

省水利厅：

近日，我单位收到××市水务局《关于商请对××湖××遥感监测违法点销号的函》，××区水务局已完成《××年××月省管湖泊巡查月报》中的××湖保护范围内××遥感监测违法点的整改，现申请销号。我单位定期对违法行为点整改进行跟进督查，经现场查勘，××处违法点的违法建筑已拆除。

以上情况属实，特此报告。

附件：

××河（湖）××违法点整改情况

××年×月×日，我处组织××市河湖库遥感监测核查成果会商会，××河（湖）××点经调查为××情况，存在××问题。

一、整改情况

×月×日，××区水务局向××责任人下发限期整改通知书。×月×日，××区河长制办公室下发整改交办单，要求尽快整改。

整改过程：

（过程描述）

（整改前、整改中、整改后照片）

二、督查情况

××处受省水利厅委托，分别于×月×日、……对该处违法点现场整改情况进行督查。

（督查情况）

关于商请对××湖××遥感监测违法点销号的函

××管理和保护联席会议办公室：

××年，我市××项目部分设施被省水利厅列入××年度××管理范围内遥感监测疑似违法点，并通报至区政府。××年××月，按照区政府批示要求，××区水务局会同××单位积极落实整改，到目前为止，按照××管理和保护联席会议办公室要求，××项目涉及遥感违法点设施全部拆除完成（详见附件）。现商请按程序对××湖管理范围内上述项目遥感监测违法点进行销号。

关于××湖××遥感监测违法点销号的请示

市水务局：

  ××年，××项目实施码头、平台等×处建设项目被省水利厅列入××年度××湖管理范围内遥感监测疑似违法点，经我单位水政大队联合相关科室调查，该×处疑似违法点为××等违法建设项目。随后，我单位水政大队对××公司进行约谈，并下达了整改通知书，责令该单位在规定期限内补办水行政许可手续，如未能补办，限期拆除并恢复原状。××公司承诺在年内完成水行政许可补办，但未能完成相关手续补办。

  省水利厅在××年度湖泊巡查月报中将该×处违法建设项目列入石臼湖保护范围内违法行为情况表内通报至××区政府，区政府批示我单位会同××公司整改落实。××年××月，我单位会同××公司就整改情况至××管理和保护联席会议办公室进行了汇报，一致同意对×处违法点进行拆除。

  此后，我单位多次对××遥感违法点拆除工作进行推进，目前××遥感监测违法点已拆除，拆除详情见附表。

  现申请对××湖管理范围内遥感监测违法点进行销号。

  妥否，请批示！

第五章

水事违法行为及执法查处

　　水政监察队伍应以落实新修订的《中华人民共和国行政处罚法》为主线，保持执法强度，强化执法力度，体现执法温度。以划定工程管理范围和安全警戒区为契机，收集整理水事违法行为清单，对常见水事违法行为进行重点分析。针对妨碍行洪行为，开展河道清障专项行动，畅通排洪通道，确保汛期行洪度汛和人民群众生命财产安全。针对破坏水利设施和水利监测环境的违法行为，开展专项整治行动，确保水利设施始终保持良好状态。

5.1　水事违法行为清单

5.1.1　水事违法行为清单（水利工程管理）

　　（1）在河道管理范围内建设妨碍行洪的建筑物、构筑物的；在河道管理范围内从事影响河势稳定、危害河岸堤防安全和其他妨碍河道行洪的活动的。

　　（2）未经同意，擅自在河道管理范围内修建水工程，或者建设桥梁、码头和其他拦河、跨河、临河建筑物、构筑物，铺设跨河管道、电缆的。

　　（3）虽经同意，但未按照要求在河道管理范围内修建有关工程设施的。

　　（4）未经审查同意工程建设方案在河道管理范围内从事工程设施建设活动的；未按照审查批准的位置、界限在河道管理范围内从事工程设施建设活动的。

　　（5）在江河、湖泊、水库、运河、渠道内弃置、堆放阻碍行洪的物体和种植阻碍行洪的林木及高秆作物的。

　　（6）在行洪河道内种植阻碍行洪的林木及高秆作物的。

（7）违反规划同意书要求在江河、湖泊上建设防洪工程和其他水工程、水电站的。

（8）未按规划治导线整治河道和修建控制引导河水流向、保护堤岸等工程，影响防洪的。

（9）在河道、湖泊管理范围内倾倒垃圾、渣土的；从事影响河势稳定、危害河岸堤防安全和其他妨碍河道行洪的活动的。

（10）不符合河口整治规划围海造地的；围湖造地；未经批准围垦河道的。

（11）擅自填堵或者覆盖内河涌的；擅自填堵、缩减原有河道沟汊、湖塘洼淀，设置水闸、覆盖河道的。

（12）经批准需要填堵内河涌的，建设单位不按照批复要求采取等效替代措施或补救措施的。

（13）未经批准或未重新办理审批手续而开发利用河口滩涂的。

（14）河口滩涂开发利用工程竣工后未经验收或经验收不合格投入使用的。

（15）虽经批准开发利用河口滩涂，但未按批准的位置和界限施工又不改正的；虽经批准开发利用河口滩涂，但擅自改变河口滩涂用途、范围的。

（16）在江河两岸及水库集水区域采用炼山或者全垦方式更新造林以及栽种桉树等不利于水源涵养和保护的树种的。

（17）围库筑塘的。

（18）未经批准在河道管理范围内新建、改建、扩建工程设施的；未申请办理延期手续而开工建设的；未经批准或者未办理延期手续建设临时设施以及临时占用期满后不恢复原状的。

（19）未经批准在河道管理范围内堆放物品的；未办理延期手续在河道管理范围内堆放物品的；临时占用期满后不恢复原状的。

（20）拒绝或妨碍监督检查的。

（21）被许可人超越行政许可范围进行活动的。

（22）在水库的管理和保护范围内从事开矿、采石、取土、陡坡开荒以及擅自敷设管道等破坏水安全的活动的；在有供水功能水库的管理和保护范围内从事网箱养殖、开办畜禽养殖场等污染水质的活动的。

（23）侵占、毁坏水工程及堤防、护岸等有关设施，毁坏防汛、水文监测、水文地质监测设施的。

（24）在水工程保护范围内从事影响水工程运行和危害水工程安全的爆

破、打井、采石、取土等活动的。

（25）破坏、侵占、毁损堤防、水闸、护岸、抽水站、排水渠系等防洪工程和水文、通信设施以及防汛备用的器材、物料的。

（26）未经水行政主管部门批准或者同意，擅自在水利工程管理范围和保护范围内修建工程设施、兴建旅游设施或其他可能污染水库水体的生产经营设施的。

（27）在水库库区内围库造地的。

（28）在水利工程管理范围内从事危及水利工程安全及污染水质的爆破、打井、采石、取土、陡坡开荒、伐木、开矿、堆放或排放污染物等活动的。

（29）在水利工程管理范围内倾倒土、石、矿渣、垃圾等废弃物的。

（30）在水利工程管理范围内的江河、水库水域内炸鱼、毒鱼、电鱼和排放污染物的。

（31）在坝顶、堤顶、闸坝交通桥行驶履带拖拉机、硬轮车及超重车辆，在没有路面的坝顶、堤顶雨后行驶机动车辆的。

（32）擅自在堤坝、渠道上垦殖、铲草、破坏或砍伐防护林的。

（33）擅自操作大坝的泄洪闸门、输水闸门以及其他设施，破坏大坝正常运行，以及其他有碍水利工程安全运行的。

（34）小水电站违反批准的最小下泄流量或者超标准运行的。

（35）定期检验及安全检查中发现有安全隐患的小水电站经责令限期整改，整改后仍不合格或者拒不接受整改的。

5.1.2　水事违法行为清单（水利安全）

（1）水利工程监理单位未对施工组织设计中的安全技术措施或者专项施工方案进行审查的，或者发现安全事故隐患未及时要求施工单位整改或者暂时停止施工的，或者施工单位拒不整改或者不停止施工，未及时向有关主管部门报告的，或者未依照法律、法规和工程建设强制性标准实施监理的。

（2）为水利建设工程提供机械设备和配件的单位，未按照安全施工的要求配备齐全有效的保险、限位等安全设施和装置的。

（3）出租单位出租未经安全性能检测或者经检测不合格的机械设备和施工机具及配件的。

（4）水利工程施工起重机械和整体提升脚手架、模板等自升式架设设施安装、拆卸单位未编制拆装方案、制定安全施工措施的；未由专业技术人员现场监督的;未出具自检合格证明或者出具虚假证明的;未向施工单位进行安全使用说明,办理移交手续的。

（5）水利工程施工单位未设立安全生产管理机构、配备专职安全生产管理人员或者分部分项工程施工时无专职安全生产管理人员现场监督的;施工单位的主要负责人、项目负责人、专职安全生产管理人员、作业人员或者特种作业人员,未经安全教育培训或者经考核不合格即从事相关工作的。

（6）水利工程建设施工单位未在施工现场的危险部位设置明显的安全警示标志的;未按照国家有关规定在施工现场设置消防通道、消防水源、配备消防设施和灭火器材的;未向作业人员提供安全防护用具和安全防护服装的;未按照规定在施工起重机械和整体提升脚手架、模板等自升式架设设施验收合格后登记的;使用国家明令淘汰、禁止使用的危及施工安全的工艺、设备、材料的。

（7）水利工程施工单位挪用列入建设工程概算的安全生产作业环境及安全施工措施所需费用的。

（8）水利工程施工单位施工前未对有关安全施工的技术要求做出详细说明的;未根据不同施工阶段和周围环境及季节、气候的变化,在施工现场采取相应的安全施工措施,或者在城市市区内建设工程的施工现场未实行封闭围挡的;在尚未竣工的建筑物内设置员工集体宿舍的;施工现场临时搭建的建筑物不符合安全使用要求的;未对因建设工程施工可能造成损害的毗邻建筑物、构筑物和地下管线等采取专项防护措施的。

（9）水利工程施工单位安全防护用具、机械设备、施工机具及配件在进入施工现场前未经查验或者查验不合格即投入使用的;使用未经验收或者验收不合格的施工起重机械和整体提升脚手架、模板等自升式架设设施的;委托不具有相应资质的单位承担施工现场安装、拆卸施工起重机械和整体提升脚手架、模板等自升式架设设施的;在施工组织设计中未编制安全技术措施、施工现场临时用电方案或者专项施工方案的。

（10）水利工程施工单位的主要负责人、项目负责人未履行安全生产管理职责的。

5.1.3 水事违法行为清单（水土保持）

（1）在划定的崩塌滑坡危险区、泥石流易发区从事取土、挖砂、采石等可能造成水土流失的活动的。

（2）在禁止开垦坡度以上陡坡地开垦种植农作物，或者在禁止开垦、开发的植物保护带内开垦、开发的。

（3）采集发菜；在水土流失重点预防区和重点治理区铲草皮、挖树蔸或者滥挖虫草、甘草、麻黄等的。

（4）在林区采伐林木不依法采取防止水土流失措施的。

（5）依法应当编制水土保持方案的生产建设项目，未编制水土保持方案或者编制的水土保持方案未经批准而开工建设或生产建设项目的地点、规模发生重大变化，未补充、修改水土保持方案或者补充、修改的水土保持方案未经原审批机关批准或水土保持方案实施过程中，未经原审批机关批准，对水土保持措施做出重大变更的。

（6）依法应当编制水土保持方案的生产建设项目中的水土保持设施未经验收或者验收不合格将生产建设项目投产使用的。

（7）依法应当编制水土保持方案的生产建设项目，其生产建设活动中在水土保持方案确定的专门存放地以外的区域倾倒砂、石、土、矸石、尾矿、废渣等的。

（8）拒不缴纳水土保持补偿费的。

（9）未根据实地勘察成果文件进行编制水土保持方案的；未按照强制性标准进行编制水土保持方案的；伪造数据、资料或者提供虚假报告的。

（10）在不得设置消纳场或者专门存放地堆放渣土的。

（11）擅自占用、损坏水土保持设施的。

（12）从事生产建设活动，依法应当编制水土保持方案而未编制或者方案未经批准的。

（13）从事生产建设活动，未采取相应的水土保持措施的。

（14）对水土保持方案未经审批擅自开工建设或者进行施工准备的。

5.1.4　水事违法行为清单（供水）

（1）对城市供水单位供水水质达不到国家有关标准规定的；城市供水单位、二次供水管理单位未按规定进行水质检测或者委托检测的；对于实施生产许可证管理的净水剂及与制水有关的材料等，选用未获证企业产品的；城市供水单位使用未经检验或者检验不合格的净水剂及有关制水材料的；城市供水单位使用未经检验或者检验不合格的城市供水设备、管网的；二次供水管理单位，未按规定对各类储水设施进行清洗消毒的；城市供水单位、二次供水管理单位隐瞒、缓报、谎报水质突发事件或者水质信息的；违反规定，有危害城市供水水质安全的其他行为的。

（2）城市供水单位未按规定上报水质报表的。

（3）供水工程建设的施工单位未按规定的技术标准和规范施工的。

（4）在公共供水设施上或者结算水表后直接装泵抽水的。

（5）在公共供水设施安全保护范围内从事禁止性活动的。

（6）公共供水设施发生故障，供水企业未立即采取有效措施组织抢修，影响正常供水的。

（7）供水企业发现供水水质达不到相关标准未立即通知受影响用户，并采取措施使水质符合标准的，或者发现供水水质可能对人体健康造成损害未报告供水和卫生主管部门，并采取应急措施的。

（8）二次供水设施管理维护单位未制定二次供水设施管理维护制度，指定专人负责二次供水设施运行、维护和管理的。

（9）二次供水设施管理维护单位未按规定进行水质检测或者委托检测的；未按规定对供水设施进行清洗消毒的；未建立二次供水设施清洗消毒档案的。

（10）供水企业未制定本单位供水突发事件应急预案的。

5.1.5 水事违法行为清单（排水）

（1）排水户拒不接受水质、水量监测或者妨碍、阻挠城镇排水主管部门依法监督检查的。

（2）在雨水、污水分流地区，建设单位、施工单位将雨水管网、污水管网相互混接的。

（3）未按照国家有关规定将污水排入城镇排水设施，或者在雨水、污水分流地区将污水排入雨水管网的。

（4）排水户未取得污水排入排水管网许可证向城镇排水设施排放污水的。

（5）排水户不按照污水排入排水管网许可证的要求排放污水的。

（6）因城镇排水设施维护或者检修可能对排水造成影响或者严重影响，城镇排水设施维护运营单位未提前通知相关排水户的，或者未事先向城镇排水主管部门报告，采取应急处理措施的，或者未按照防汛要求对城镇排水设施进行全面检查、维护、清疏，影响汛期排水畅通的。

（7）城镇污水处理设施维护运营单位未按照国家有关规定检测进出水水质的，或者未报送污水处理水质和水量、主要污染物削减量等信息和生产运营成本等信息的。

（8）城镇污水处理设施维护运营单位擅自停运城镇污水处理设施，未按照规定事先报告或者采取应急处理措施的。

（9）城镇污水处理设施维护运营单位或者污泥处理处置单位对产生的污泥以及处理处置后的污泥的去向、用途、用量等未进行跟踪、记录的，或者处理处置后的污泥不符合国家有关标准的。

（10）擅自倾倒、堆放、丢弃、遗撒污泥的。

（11）排水单位或者个人不缴纳污水处理费的。

（12）城镇排水与污水处理设施维护运营单位未按照国家有关规定履行日常巡查、维修和养护责任，保障设施安全运行的，或者未及时采取防护措施组织事故抢修的，或者因巡查、维护不到位，导致窨井盖丢失、损毁，造成人员伤亡和财产损失的。

（13）从事危及城镇排水与污水处理设施安全的活动的。

（14）有关单位未与施工单位、设施维护运营单位等共同制定设施保护方案，并采取相应的安全防护措施的。

（15）擅自拆除、改动城镇排水与污水处理设施的。

（16）排水户名称、法定代表人等其他事项变更，未按规定及时向城镇排水主管部门申请办理变更的。

（17）排水户以欺骗、贿赂等不正当手段取得排水许可的。

（18）排水户因发生事故或者其他突发事件，排放的污水可能危及城镇排水与污水处理设施安全运行，没有立即停止排放，未采取措施消除危害，或者并未按规定及时向城镇排水主管部门等有关部门报告的。

5.1.6　水事违法行为清单（工程建设）

（1）水利工程建设单位未按照国家规定办理工程质量监督手续的；未按照国家规定将竣工验收报告、有关认可文件或者准许使用文件报送备案的。

（2）将未经验收合格的水利工程投入使用的。

（3）对不合格的水利工程按照合格工程验收的。

（4）水利工程竣工验收后，建设单位未向主管部门移交建设项目档案的。

（5）勘察、设计、施工、工程监理单位超越本单位资质等级承揽工程的；未取得资质证书承揽工程的；以欺骗手段取得资质证书承揽工程的。

（6）勘察、设计、施工、工程监理单位允许其他单位或者个人以本单位名义承揽水利工程的。

（7）水利工程承包单位将承包的工程违法转包或违法分包的。

（8）水利工程监理单位转让工程监理业务的。

（9）水利工程勘察单位未按照工程建设强制性标准进行勘察的；水利工程设计单位未根据勘察成果文件进行工程设计的；水利工程设计单位指定建筑材料、建筑构配件的生产厂、供应商的；水利工程设计单位未按照工程建设强制性标准进行设计的。

（10）水利工程施工单位在施工中偷工减料的；不按照工程设计图纸或者施工技术标准施工的其他行为的；使用不合格的建筑材料、建筑构配件和设备的。

（11）水利工程施工单位未对建筑材料、建筑构配件、设备和商品混凝土进行检验的；未对涉及结构安全的试块、试件以及有关材料取样检测的。

（12）水利工程施工单位不依法履行保修义务或者拖延履行保修义务的。

（13）水利工程监理单位与建设单位或者施工单位串通，弄虚作假、降低工程质量的；水利工程监理单位将不合格的建设工程，建筑材料、建筑构配件和设备按照合格签字的。

（14）水利工程监理单位与被监理工程的施工承包单位以及建筑材料、建筑构配件和设备供应单位有隶属关系或其他利害关系并承担该项水利工程的监理业务的。

（15）涉及建筑主体或者承重结构变动的水利装修工程，没有设计方案擅自施工的。

（16）涉及水利工程的建筑使用者在装修过程中擅自变动房屋建筑主体和承重结构的。

（17）水利工程建设单位要求施工单位压缩合同约定的工期的。

（18）水利工程建设单位对勘察、设计、施工、工程监理等单位提出不符合安全生产法律、法规和强制性标准规定的要求的。

（19）水利工程建设单位将拆除工程发包给不具有相应资质等级的施工单位的。

（20）水利工程勘察单位、设计单位未按照法律、法规和工程建设强制性标准进行勘察、设计的。

（21）采用新结构、新材料、新工艺的建设工程和特殊结构的水利工程，设计单位未在设计中提出保障施工作业人员安全和预防生产安全事故的措施建议的。

5.1.7　水事违法行为清单（水文）

（1）水库、水电站、拦河闸坝等工程的管理单位以及其他经营工程设施的经营者拒不服从统一调度和指挥的。

（2）侵占、破坏水源和抗旱设施的。

（3）应当配套设立专用水文测站或者配备水文监测设施不设立的。

（4）不具备规定的条件从事水文活动的。

（5）拒不汇交水文监测资料的；非法向社会传播水文情报预报，造成严重经济损失和不良影响的。

（6）侵占、毁坏水文监测设施或者未经批准擅自移动、擅自使用水文监测设施的。

（7）在水文监测环境保护范围内种植高秆作物、堆放物料、修建建筑物、停靠船只；取土、挖砂、采石、淘金、爆破和倾倒废弃物；在监测断面取水、排污或者在过河设备、气象观测场、监测断面的上空架设线路；其他对水文监测有影响的活动的。

5.1.8　水事违法行为清单（招投标）

（1）必须进行招标的水利工程项目而不招标的，将必须进行招标的项目化整为零或者以其他方式规避招标的。

（2）水利工程项目招标代理机构泄露应当保密的与招标投标活动有关的情况和资料的，或者与招标人、投标人串通的。

（3）水利工程项目招标人以不合理的条件限制、排斥、歧视潜在投标人，强制要求投标人组成联合体共同投标的或者限制投标人之间竞争的。

（4）水利工程项目招标人向他人透露已获取招标文件的潜在投标人的名称、数量以及可能影响公平竞争的有关招标投标的其他情况，或泄露标底的。

（5）水利工程项目投标人相互串通投标或与招标人串通投标，或以行贿手段谋取中标的。

（6）依法必须进行招标的项目的投标人以他人名义投标或以其他方式弄虚作假,骗取中标的。

（7）水利工程项目评标委员会成员收受投标人的财物或其他好处,评标委员会成员或参加评标的工作人员向他人透露评标的有关情况的。

（8）水利工程项目招标人违法确定中标人的;在所有投标被评标委员会否决后自行确定中标人的。

（9）水利工程项目中标人将中标项目转让或分解后转让给他人,或将中标项目的部分主体、关键性工作分包给他人或者分包人再次分包的。

（10）水利工程项目招标人与中标人不按照招标、投标文件订立合同的,或者订立背离合同实质性内容的协议的。

（11）依法应当公开招标的水利工程项目采用邀请招标,或者招标文件、资格预审文件的发售、澄清、修改的时限或者确定的提交资格预审申请文件、投标文件的时限不符合招标投标法及其实施条例规定的,或者接受未通过资格预审的单位或者个人参加投标;或者接受应当拒收的投标文件的。

（12）水利工程项目招标人超过规定的比例收取投标保证金、履约保证金或者不按照规定退还投标保证金及银行同期存款利息的。

（13）依法必须进行招标的项目的招标人不按照规定组建评标委员会,或者确定、更换评标委员会成员违反招标投标法及其实施条例规定的。

（14）水利工程项目招标人无正当理由不发出中标通知书的;不按照规定确定中标人的;中标通知书发出后无正当理由改变中标结果的;无正当理由不与中标人订立合同的;在订立合同时向中标人提出附加条件的。

（15）依法必须进行招标的水利工程项目中标人无正当理由不与招标人订立合同的;在签订合同时向招标人提出附加条件的;不按照招标文件要求提交履约保证金的。

（16）水利工程建设单位将工程违法肢解发包的。

（17）水利工程建设单位迫使承包方以低于成本的价格竞标的;任意压缩合理工期的;明示或者暗示设计单位或者施工单位违反工程建设强制性标准,降低工程质量的;施工图设计文件未经审查或者审查不合格,擅自施工的;建设项目必须实行工程监理而未实行工程监理的;明示或者暗示施工单位使用不合格的建筑材料、建筑构配件和设备的。

5.2　常见水事违法行为执法分析

水事违法行为一　在河道管理范围内建设妨碍行洪的建筑物、构筑物的;在河道管理范围内从事影响河势稳定、危害河岸堤防安全和其他妨碍河道行洪的活动的

执法依据:《中华人民共和国水法》第六十五条 第一款 在河道管理范围内建设妨碍行洪的建筑物、构筑物,或者从事影响河势稳定、危害河岸堤防安全和其他妨碍河道行洪的活动的,由县级以上人民政府水行政主管部门或者流域管理机构依据职权,责令停止违法行为,限期拆除违法建筑物、构筑物,恢复原状;逾期不拆除、不恢复原状的,强行拆除,所需费用由违法单位或者个人负担,并处一万元以上十万元以下的罚款。

条款释义:本条是关于在河道管理范围内建设妨碍行洪的建筑物、构筑物或者进行影响河势稳定、危害河岸堤防安全等活动,以及未经水行政主管部门批准擅自修建有关水工程设施等行为所应承担的法律责任的规定。

河道管理范围:有堤防(含堆土区)的河道,管理范围为两岸堤防之间的水域、沙洲、滩地(包括可耕地)、行洪区,以及两岸堤防及护堤地。无堤防的山丘区河道,管理范围为满足该河道防洪标准的设计洪水位(或历史最高洪水位)与山丘体交线之间的水域、沙洲、滩地(包括可耕地)、行洪区等。无堤防的平原河道,管理范围为水域、沙洲、滩地及河口两侧一定范围。海堤挡潮涵闸下游河道的管理范围可以延伸到入海水域。

以顺堤河(排水沟)为基准划界的,应以顺堤河(排水沟)外河口线为界(含水面)。

工程管理范围:指为河湖水库生态健康、行洪畅通、河势稳定和水利工程安全而划定的河湖和水利工程管理区域,包括水文、观测等附属工程设施和水利工程管理单位生产生活用的管理区。根据《江苏省水利工程管理条例》,河道的管理范围分有堤防河道和无堤防河道,有堤防河道指两堤防之间的水域、沙洲、滩地(包括可耕地)、行洪区、两岸堤防及护堤地;无堤防的河道,管理范围为水域、沙洲、滩地及河口两侧五至十米,或根据历史最高洪水位、设计洪水位确定。

安全警戒区:涵、闸、泵站、水电站应当设立安全警戒区。安全警戒区由水行政主管部门在工程管理范围内划定,并设立标志。水利工程安全警戒区

范围应包括闸站主体工程、上下游翼墙、岸墙、上下游进水池、捞草机设施、上下游拦河索范围内水域等对水利工程安全运行有重要影响的区域。

建筑物:指供人居住、工作、学习、生产、经营、娱乐、储藏物品以及进行其他社会活动的工程建筑(房屋)。

构筑物:指房屋以外的工程建筑,如围墙、道路、水坝、水井、隧道、水塔、桥梁和烟囱等。

河势:指河道水流的平面形式及发展趋势。包括河道水流动力轴线的位置、走向以及河弯、岸线和沙洲、心滩等分布与变化的趋势。

《行政处罚自由裁量权参照执行标准》:

1. 建设妨碍行洪的建筑物、构筑物,逾期不拆除、不恢复原状的

(1)建筑物、构筑物占河道设计洪水位(没有设计洪水位的,按河道防汛警戒水位、设计排涝水位或者设计灌溉水位,下同)断面3%以下的,或者建筑占用面积在100平方米以下的,强行拆除,并处一万元以上三万元以下的罚款;

(2)建筑物、构筑物占河道设计洪水位断面3%以上8%以下,或者建筑占用面积在100平方米以上200平方米以下的,强行拆除,并处三万元以上五万元以下的罚款;

(3)建筑物、构筑物占河道设计洪水位断面8%以上15%以下,或者建筑占用面积在200平方米以上400平方米以下的,强行拆除,并处五万元以上七万元以下的罚款;

(4)建筑物、构筑物占河道设计洪水位断面15%以上,或者建筑占用面积在400平方米以上的,强行拆除,并处七万元以上十万元以下的罚款。

2. 从事影响河势稳定、危害河岸堤防安全和其他妨碍河道行洪的活动,逾期不拆除、不恢复原状的

(1)恢复原状所需费用预算在一万元以下的,强行拆除,并处一万元以上三万元以下的罚款;

(2)恢复原状所需费用预算在一万元以上三万元以下的,强行拆除,并处三万元以上五万元以下的罚款;

(3)恢复原状所需费用预算在三万元以上五万元以下的,强行拆除,并处五万元以上七万元以下的罚款;

(4)恢复原状所需费用预算在五万元以上的,强行拆除,并处七万元以上十万元以下的罚款。

违法行为分析：行为人实施了本款规定的违法行为,应当由县级以上人民政府水行政主管部门或者流域管理机构依据职权,依法给予行政处罚。本款规定的行政处罚方式有以下几种：

（1）责令停止违法行为。即由县级以上人民政府水行政主管部门或者流域管理机构责令违法行为人停止正在进行的在河道管理范围内建设妨碍行洪的建筑物、构筑物,或者从事影响河势稳定、危害河岸堤防安全和其他妨碍河道行洪的违法行为。

（2）限期拆除违法建筑物、构筑物。即由县级以上人民政府水行政主管部门或者流域管理机构向违法行为人发出处罚通知,责令违法行为人在一定的期限内拆除其违法建设的建筑物、构筑物。违法行为人在接到责令限期拆除的行政处罚后,应当在规定的期限内拆除可能妨碍行洪的建筑物、构筑物。这种处罚是一种行为处罚,是对违法行为人实施的一种制止其违法行为继续进行并予以改正的行政处罚措施。

（3）恢复原状。即县级以上人民政府水行政主管部门或者流域管理机构责令违法行为人采取治理措施,进行整治,恢复河道及堤防至被非法占用前的状态。

（4）对于违法行为人在有关行政机关规定的期限内没有拆除违法建筑物、构筑物以及未恢复河道、堤防原状的,本款规定可以由县级以上人民政府水行政主管部门或者流域管理机构或其委托的单位强行拆除,所需费用由违法行为人承担。这是一种行政代执行处罚。

（5）罚款。即由县级以上人民政府水行政主管部门或者流域管理机构强制违法行为人交纳一定数量货币的行政处罚。本款规定的罚款处罚必须在特定的条件下才可执行,即违法行为人在规定的期限内未拆除违法建筑物、构筑物以及未恢复河道、堤防原状的前提下,才可以对违法行为人处以罚款的处罚。按照本款规定,不可对违法行为人单处罚款。本款规定的罚款幅度是一万元以上十万元以下,罚款的具体数额由县级以上人民政府水行政主管部门或者流域管理机构根据当事人违法行为的具体情况及自由裁量权有关规定决定。

水行政执法的重点与难点：

鉴定其建筑物、构筑物是否会妨碍行洪,其活动是否会影响河势稳定、危害河岸堤防安全和妨碍河道行洪。

（1）对河道行洪的影响。

应确定该建筑物、构筑物所在河流洪水位及河道壅水高度、壅水长度。

根据《堤防工程设计规范》(GB 50286—2013),确定工程所在河段防洪标准、堤防工程的级别,应复核该建筑物、构筑物断面所在堤顶高程,该建筑物、构筑物建成后堤防是否满足洪水过洪要求。核算该建筑物、构筑物对过洪能力的影响。

(2)对河势稳定的影响。

通过现场勘测确定该建筑物、构筑物地点及建成前过水面积,根据建筑物、构筑物占河道设计洪水位断面来确定该建筑物、构筑物对河流河势的影响。

(3)对现有堤防、护岸及其他水利工程和设施的影响。

应联合水管单位工管科等部门,根据河道观测成果,确定河道冲刷深度,核算该建筑物、构筑物对现有堤防、护岸及其他水利工程和设施的影响。

《中华人民共和国河道管理条例》第三十六条明确规定:"对河道管理范围内的阻水障碍物,按照'谁设障,谁清除'的原则,由河道主管机关提出清障计划和实施方案,由防汛指挥部责令设障者在规定的期限内清除。逾期不清除的,由防汛指挥部组织强行清除,并由设障者负担全部清障费用。"

《中华人民共和国水法》第三十七条第二款规定:"禁止在河道管理范围内建设妨碍行洪的建筑物、构筑物以及从事影响河势稳定、危害河岸堤防安全和其他妨碍河道行洪的活动。"在汛期确保洪水的顺利排泄是关系到人民生命财产安全的头等大事,近年来,在城乡建设和经济建设中,一些地方和单位与水争地、侵占河道,建设各种建筑物、构筑物,造成河流过流面积减少、泄洪不畅,壅高洪水水位,延长了洪水过程。有的地方和单位不按照《中华人民共和国防洪法》的要求,在河道两岸堤防上进行开发建设、土木施工,严重影响汛期堤防承受洪水的能力,使人民的生命财产安全受到威胁。因此,这一款规定明令禁止在河道管理范围内建设妨碍行洪的建筑物、构筑物,或者从事影响河势稳定、危害河岸堤防安全和其他妨碍河道行洪的活动。《中华人民共和国防洪法》对此也做了专门规定。

水事违法行为二 未经同意,擅自在河道管理范围内修建水工程,或者建设桥梁、码头和其他拦河、跨河、临河建筑物、构筑物,铺设跨河管道、电缆的

执法依据:《中华人民共和国水法》第六十五条 第二款 未经水行政主管部门或者流域管理机构同意,擅自修建水工程,或者建设桥梁、码头和其他拦河、跨河、临河建筑物、构筑物,铺设跨河管道、电缆,且防洪法未作规定的,由县级以上人民政府水行政主管部门或者流域管理机构依据职权,责令停止违

法行为,限期补办有关手续;逾期不补办或者补办未被批准的,责令限期拆除违法建筑物、构筑物;逾期不拆除的,强行拆除,所需费用由违法单位或者个人负担,并处一万元以上十万元以下的罚款。

条款释义:本法第十九条规定:"建设水工程,必须符合流域综合规划。在国家确定的重要江河、湖泊和跨省、自治区、直辖市的江河、湖泊上建设水工程,未取得有关流域管理机构签署的符合流域综合规划要求的规划同意书的,建设单位不得开工建设;在其他江河、湖泊上建设水工程,未取得县级以上地方人民政府水行政主管部门按照管理权限签署的符合流域综合规划要求的规划同意书的,建设单位不得开工建设。水工程建设涉及防洪的,依照防洪法的有关规定执行;涉及其他地区和行业的,建设单位应当事先征求有关地区和部门的意见。"本法第三十八条第一款规定:"在河道管理范围内建设桥梁、码头和其他拦河、跨河、临河建筑物、构筑物,铺设跨河管道、电缆,应当符合国家规定的防洪标准和其他有关的技术要求,工程建设方案应当依照防洪法的有关规定报经有关水行政主管部门审查同意。"

违反上述规定,未经水行政主管部门或者流域管理机构同意,擅自修建水工程,或者建设桥梁、码头和其他拦河、跨河、临河建筑物、构筑物,铺设跨河管道、电缆,且(防洪法)未作规定的,应当承担本款规定的法律责任。这里需要指出的是,对上述违法行为如果(防洪法)有相关的处罚规定,则应当从其规定。只有行为人实施了上述违法行为,且(防洪法)没有相关处罚规定的时候,才适用本款的规定。

行为人实施了本款规定的违法行为,应当由县级以上人民政府水行政主管部门或者流域管理机构依据职权,依法给予行政处罚。法律规定的行政处罚方式有以下几种:

(1)责令停止违法行为。即由县级以上人民政府水行政主管部门或者流域管理机构责令违法行为人停止正在进行的在河道管理范围内擅自修建水工程,或者建设桥梁、码头和其他拦河、跨河、临河建筑物、构筑物,铺设跨河管道、电缆等工程设施的违法行为。

(2)限期补办有关手续。即由县级以上人民政府水行政主管部门或者流域管理机构在行政执法中,发现并确认违法行为人在河道管理范围内未经水行政主管部门或者流域管理机构同意,擅自修建水工程,或者建设桥梁、码头和其他拦河、跨河、临河建筑物、构筑物,铺设跨河管道、电缆等工程设施后,责令违法行为人在一定的期限内补办建设工程所需的有关手续。

（3）责令限期拆除违法建筑物、构筑物。即由县级以上人民政府水行政主管部门或者流域管理机构向违法行为人发出处罚通知，责令违法行为人在一定的期限内拆除其违法建设的建筑物、构筑物。违法行为人在接到责令限期拆除的行政处罚后，应当在规定的期限内拆除违法建筑物、构筑物。本处罚的前提是，违法行为人在规定的期限内未补办工程建设所需的手续或者补办未被批准的情况下，才可以对违法行为人处以此处罚，如果行为人补办了工程建设所需的手续，则不应再对其进行责令限期拆除的处罚。

（4）对于违法行为人在有关行政机关规定的期限内没有拆除违法建筑物、构筑物的，本款规定可以由县级以上人民政府水行政主管部门或者流域管理机构或其委托的单位强行拆除，所需费用由违法行为人承担。

（5）罚款。即由县级以上人民政府水行政主管部门或者流域管理机构强制违法行为人交纳一定数量货币的行政处罚。本款规定的罚款处罚必须在特定的条件下才可执行，即违法行为人在规定的期限内未拆除违法建筑物、构筑物的前提下，才可以对违法行为人处以罚款的处罚，不可对违法行为人单处罚款。本款规定的罚款幅度是一万元以上十万元以下，罚款的具体数额由县级以上人民政府水行政主管部门或者流域管理机构根据当事人的违法行为的具体情况决定。

《行政处罚自由裁量权参照执行标准》：

逾期未拆除擅自修建的水工程或者桥梁、码头和拦河、跨河、临河建筑物、构筑物，铺设跨河管道、电缆，且防洪法未作规定的

（1）占用面积在100平方米以下，或者投资额在十万元以下的，或者铺设跨河、临河管道、电缆占用河道管理范围长度200米以下的，强行拆除，并处一万元以上三万元以下的罚款；

（2）占用面积在100平方米以上200平方米以下，或者投资额在十万元以上二十万元以下的，或者铺设跨河、临河管道、电缆占用河道管理范围长度200米以上300米以下的，强行拆除，并处三万元以上五万元以下的罚款；

（3）占用面积在200平方米以上400平方米以下，或者投资额在二十万元以上四十万元以下的，或者铺设跨河、临河管道、电缆占用河道管理范围长度300米以上400米以下的，强行拆除，并处五万元以上七万元以下的罚款；

（4）占用面积在400平方米以上，或者投资额在四十万元以上的，或者铺设跨河、临河管道、电缆占用河道管理范围长度400米以上的，强行拆除，并处七万元以上十万元以下的罚款。

相关概念：

水工程：指在江河、湖泊和地下水源上开发、利用、控制、调配和保护水资源的各类工程。

桥梁：一般指架设在江河湖海上，使车辆、行人等能顺利通行的构筑物。

跨河桥梁设计标准应高于河道防洪标准；桥长应超过水利部门的设计河宽，保证有足够的净过水断面面积；桥墩宜修成排架式；桥的走向以与河流正交为佳；梁底高程应高于设计最高洪水位。

拦河建设项目：指修筑于河道内拦挡水流的具有固定结构的建（构）筑物。主要包括橡胶坝、水陂、汀步、潜坝等工程。拦河建设项目应在保证流域内水资源合理调配的基础上进行建设，不得对工程所在区域的生产、生活及生态造成不利影响；应对拦河建设项目所在河段进行冲淤计算分析，并做好消能防冲措施；应对拦河建设项目所在河段堤防渗透及整体与局部稳定进行复核计算，并做好防渗、抗滑、抗倾等措施。

码头：江河边专供轮船或渡船停泊，让乘客上下、货物装卸的建筑物。码头属于临河建筑物。

水事违法行为三　虽经同意，但未按照要求在河道管理范围内修建有关工程设施的

执法依据：《中华人民共和国水法》第六十五条 第三款 虽经水行政主管部门或者流域管理机构同意，但未按照要求修建前款所列工程设施的，由县级以上人民政府水行政主管部门或者流域管理机构依据职权，责令限期改正，按照情节轻重，处一万元以上十万元以下的罚款。

条款释义：前款所列工程设施，一经水行政主管部门或者流域管理机构同意，有关单位就应当严格按照相关规定的要求进行建设，否则即构成违法，就应当承担本款规定的法律责任。

按照本款规定，行为人实施了本款规定的违法行为，应当由县级以上人民政府水行政主管部门或者流域管理机构依据职权，依法给予行政处罚。本款规定的行政处罚方式有以下几种。

（1）责令限期改正。即由县级以上人民政府水行政主管部门或者流域管理机构对未按照审查同意的工程建设方案的要求修建前款所列工程设施的违法行为人发出处罚通知，责令违法行为人在接到责令限期改正的行政处罚后，应当在规定的期限内改正其违法行为。

（2）罚款。即由县级以上人民政府水行政主管部门或者流域管理机构强

制未按照审查同意的工程建设方案的要求修建前款所列工程设施的违法行为人交纳一定数量货币的行政处罚。

根据本款规定,可以对违法行为人单处罚款。本款规定的罚款幅度是一万元以上十万元以下,罚款的具体数额由县级以上人民政府水行政主管部门或者流域管理机构根据当事人的违法行为的具体情况决定。

《行政处罚自由裁量权参照执行标准》:

虽经水行政主管部门同意,但未按照要求修建工程设施的

(1)违反批准的界限、位置、施工方案之一,在规定的期限内改正的,处一万元以上三万元以下的罚款;

(2)违反批准的界限、位置、施工方案两种以上,在规定的期限内改正的,处三万元以上五万元以下的罚款;

(3)违反批准的界限、位置、施工方案之一,在规定的期限内未完全改正的,处五万元以上七万元以下的罚款;

(4)违反批准的界限、位置、施工方案两种以上,未在规定的期限内改正的,或者违反批准的界限、位置、施工方案之一,在规定的期限内拒不改正的,处七万元以上十万元以下的罚款。

水事违法行为四　在江河、湖泊、水库、运河、渠道内弃置、堆放阻碍行洪的物体和种植阻碍行洪的林木及高秆作物的

执法依据:《中华人民共和国水法》第六十六条　有下列行为之一,且防洪法未作规定的,由县级以上人民政府水行政主管部门或者流域管理机构依据职权,责令停止违法行为,限期清除障碍或者采取其他补救措施,处一万元以上五万元以下的罚款:

(一)在江河、湖泊、水库、运河、渠道内弃置、堆放阻碍行洪的物体和种植阻碍行洪的林木及高秆作物的;

(二)围湖造地或者未经批准围垦河道的。

条款释义:本条是关于在江河、湖泊、水库、运河、渠道内弃置、堆放阻碍行洪的物体和围湖造地等所应承担的法律责任的规定。

《中华人民共和国水法》第三十七条第一款规定:"禁止在江河、湖泊、水库、运河、渠道内弃置、堆放阻碍行洪的物体和种植阻碍行洪的林木及高秆作物。"因此,在江河、湖泊、水库、运河、渠道内弃置、堆放阻碍行洪的物体和种植阻碍行洪的林木及高秆作物是法律禁止的行为。

按照本条规定,行为人只要实施了违法行为,且《中华人民共和国防洪

法》未作处罚规定的,就应当承担本条规定的法律责任。《中华人民共和国防洪法》已作出规定的,则应当从其规定。本条规定的行政处罚方式有:

(1) 责令停止违法行为。即县级以上人民政府水行政主管部门或者流域管理机构责令违法行为人停止正在进行的在江河、湖泊、水库、运河、渠道内弃置、堆放阻碍行洪的物体和种植阻碍行洪的林木及高秆作物,围湖造地或者未经批准围垦河道的违法行为。

(2) 限期清除障碍或者采取其他补救措施。即由县级以上人民政府水行政主管部门或者流域管理机构向违法行为人发出处罚通知,责令违法行为人在一定的期限内清除障碍或者采取其他的补救措施。违法行为人在接到责令限期清除障碍或采取其他补救措施的行政处罚后,应当在规定的期限内清除障碍或采取相应的补救措施。

(3) 罚款。即由县级以上人民政府水行政主管部门或者流域管理机构强制在江河、湖泊、水库、运河、渠道内弃置、堆放阻碍行洪的物体和种植阻碍行洪的林木及高秆作物,围湖造地或者未经批准围垦河道的违法行为人交纳一定数量货币的行政处罚。根据本款规定,可以对违法行为人单处罚款。本款规定的罚款幅度是一万元以上五万元以下,罚款的具体数额由县级以上人民政府水行政主管部门或者流域管理机构根据当事人的违法行为的具体情况决定。

《行政处罚自由裁量权参照执行标准》:

1. 在江河、湖泊、水库、运河、渠道内弃置、堆放阻碍行洪物体的

(1) 物体在 30 立方米以下,或者占河道设计洪水位断面 3% 以下,在规定期限内清除障碍或者采取其他补救措施的,处一万元以上二万元以下的罚款;

(2) 物体在 30 立方米以上 50 立方米以下,或者占河道设计洪水位断面 3% 以上 8% 以下,在规定期限内清除障碍或者采取其他补救措施的,处二万元以上四万元以下的罚款;

(3) 在规定期限内拒不清除障碍、拒不采取其他补救措施的,或者物体在 50 立方米以上,或者占河道设计洪水位断面 8% 以上的,处四万元以上五万元以下的罚款。

2. 种植阻碍行洪的林木及高秆作物的

按照《防洪法》第五十六条第三项的自由裁量参照标准执行。

在行洪河道内种植阻碍行洪的林木和高秆作物的

(1) 种植面积在 100 平方米以下,在规定的期限内停止违法行为,排除阻

碍的,不予罚款;

(2)种植面积在100平方米以上600平方米以下,在规定的期限内停止违法行为,并排除阻碍或者采取其他补救措施的,处一万元以下的罚款;

(3)种植面积在600平方米以上2000平方米以下,在规定期限内停止违法行为,并排除阻碍或者采取其他补救措施的,处一万元以上三万元以下的罚款;

(4)在规定的期限内拒不停止违法行为,不排除阻碍,不采取其他补救措施的,或者种植面积在2000平方米以上的,处三万元以上五万元以下的罚款。

违法行为分析:

阻碍行洪的林木及高秆作物:主要是指玉米、高粱等农作物和非防浪林、护岸林等树木。

河道及滩地是洪水下泄通道,由于一些群众法律法规观念淡薄、洪涝灾害防范意识差,在河道、滩地种植树木等高秆作物,雨季来临时将影响洪水下泄速度,同时,洪水中的枯秆、树枝、污染物在下泄过程中汇集,将进一步阻碍洪水下泄,抬高洪水位,威胁堤防、水闸、桥梁等水工建筑物的安全,对周边村庄居民生命财产安全造成威胁。

在工程管理范围内弃置、堆放阻碍行洪的物体包括各类建筑材料(砂石料等)或废料垃圾,这是各地水事违法案件中经常出现的。

对于此类案件,按照办案程序,水政监察部门通过对涉嫌违法的当事人进行询问调查,走访当地群众,现场勘查、拍照,制作现场检查笔录、勘验笔录等方式依法开展调查取证,并作出《水行政限期改正违法行为决定书》、《水行政处理告知书》、《水行政处理决定书》和《行政强制执行催告书》等执法文书,要求当事人限期清除堆放物,恢复原状。如果当事人逾期未履行相关义务,根据《中华人民共和国水法》的相关规定,水政监察部门应送达《水行政处罚告知书》和《水行政处罚决定书》,对其处行政处罚。如果当事人主动缴纳罚款,但其未按要求在规定的时限内自行清拆堆放物。水政监察部门应向当事人送达《行政强制执行决定书》,并按时间送达《行政强制执行催告书》,催告履行义务,听取当事人陈述申辩,如当事人仍不履行义务,水政监察部门应申请人民法院强制执行。

水事违法行为五 在河道、湖泊管理范围内倾倒垃圾、渣土的;从事影响河势稳定、危害河岸堤防安全和其他妨碍河道行洪的活动的

执法依据:《中华人民共和国防洪法》第五十六条　违反本法第二十二条第二款、第三款规定,有下列行为之一的,责令停止违法行为,排除阻碍或者采取其他补救措施,可以处五万元以下的罚款:

(一)在河道、湖泊管理范围内建设妨碍行洪的建筑物、构筑物的;

(二)在河道、湖泊管理范围内倾倒垃圾、渣土,从事影响河势稳定、危害河岸堤防安全和其他妨碍河道行洪的活动的;

(三)在行洪河道内种植阻碍行洪的林木和高秆作物的。

条款释义:本条是关于在河道、湖泊管理范围内进行违法活动责任的规定。

(1)按照《中华人民共和国防洪法》第二十二条第二款的规定,在河道、湖泊管理范围内禁止进行以下活动:建设妨碍行洪的建筑物、构筑物,倾倒垃圾、渣土,从事影响河势稳定、危害河岸堤防安全和其他妨碍河道行洪的活动。按照本法第二十二条第三款的规定,在行洪河道内禁止进行以下活动:种植阻碍行洪的林木,种植高秆作物。

关于河道、湖泊的管理范围,《中华人民共和国防洪法》第二十一条第三款明确规定,即有堤防的河道、湖泊,其管理范围为两岸堤防之间的水域、沙洲、滩地、行洪区和堤防及护堤地;无堤防的河道、湖泊,其管理范围为历史洪水位或者设计洪水位之间的水域、沙洲、滩地和行洪区。同时《中华人民共和国防洪法》第二十一条第四款还规定了河道、湖泊的管理范围如何确定,即流域管理机构直接管理的河道、湖泊的管理范围,由流域管理机构会同有关县级以上地方人民政府依照这一条第三款的规定界定;其他河道、湖泊的管理范围,由有关县级以上地方人民政府界定。

要保证在洪水来临的时候能够使其不发生危险并顺利地被排泄出去,就要首先保证河道、湖泊蓄洪、行洪能力,而河道、湖泊蓄洪、行洪能力的大小在很大程度上取决于河道、湖泊的状态是否稳定。如果河道、湖泊的管理范围内没有建设妨碍行洪的建筑物、构筑物,没有倾倒垃圾、渣土,没有从事影响河势稳定、危害河岸堤防安全和其他妨碍河道行洪的活动,也没有在行洪河道内种植阻碍行洪的林木和高秆作物,河道、湖泊的行洪能力和蓄泄兼施的能力就能够得到最大限度的发挥,洪水就不会对国家财产和人民的生命财产安全产生影响。因此,本条规定了违反本法第二十二条第二款、第三款规定行为的法律责任。

(2)按照本条规定,行为人如果实施了下列行为之一的,就应当承担相应的行政法律责任:① 违反本法第二十二条第二款的规定,在河道、湖泊管理范围内建设妨碍行洪的建筑物、构筑物;② 违反本法第二十二条第二款的规定,在河道、湖泊管理范围内倾倒垃圾、渣土;③ 违反本法第二十二条第二款的规定,在河道、湖泊管理范围内从事影响河势稳定、危害河岸堤防安全和其他妨碍河道行洪的活动;④ 违反本法第二十二条第三款的规定,在行洪河道内种植阻碍行洪的林木;⑤ 违反本法第二十二条第三款的规定,在行洪河道内种植高秆作物。其中"影响河势稳定、危害河岸堤防安全和其他妨碍河道行洪的活动"包括:在河道管理范围内弃置、堆放阻碍行洪的物体;修建围堤、阻水渠道、阻水道路;在堤防、护堤地建房、放牧、开渠、打井、挖窖、葬坟、晒粮、存放物料、开采地下资源、进行考古发掘以及开发集市贸易活动;未经批准或不按照国家规定的防洪标准、安全标准整治河道或修建水工程和其他设施;未经批准或者不按照河道主管机关的规定在河道管理范围内采砂、取土、淘金、弃置砂石或者淤泥、爆破、钻探、挖筑鱼塘,在河道滩地存放物料、修建厂房或者其他建筑设施,在河道滩地开采地下资源及进行考古发掘;在堤防安全保护区内进行打井、钻探、爆破、挖筑鱼塘、采石、取土等。

(3) 按照本条规定,有关水行政主管部门或者流域管理机构在进行水行政管理和监督检查过程中,发现并经确认有违反本法第二十二条第二款、第三款规定的行为以后,首先应当责令违法单位或者个人在一定的期限内停止正在进行的违法行为。同时,应当根据违法活动的不同情况,责令行为人排除阻碍或者采取其他补救措施,即以行政命令的方式责令违法进行上述活动的单位或者个人在一定的期限内排除阻碍,比如拆除违法建设的妨碍行洪的建筑物、构筑物,或者由违法行为人清除其倾倒的垃圾、渣土等,或者以行政命令的方式责令进行上述活动的单位或者个人在一定的期限内采取其他补救措施消除上述违法活动对防洪造成的影响,比如在不影响河道行洪并保证河道安全、河势稳定的前提下,采取修补被破坏的河道或者堤防等补救措施。此外,执法机关还可以根据不同情况,处五万元以下的罚款。

《行政处罚自由裁量权参照执行标准》:

1. 在河道、湖泊管理范围内建设妨碍行洪的建筑物、构筑物的

(1) 建筑物、构筑物占河道设计洪水位(没有设计洪水位的,按河道防汛警戒水位、设计排涝水位或者设计灌溉水位,下同)断面 1‰以下,或者建筑面积在 20 平方米以下,在规定期限内停止违法行为,并排除阻碍的,不予罚款;

（2）建筑物、构筑物占河道设计洪水位断面 1％以上 5％以下，或者建筑面积在 20 平方米以上 80 平方米以下，在规定期限内停止违法行为，并排除阻碍或者采取其他补救措施的，处一万元以下的罚款；

（3）建筑物、构筑物占河道设计洪水位断面 5％以上 8％以下，或者建筑面积在 80 平方米以上 150 平方米以下，在规定期限内停止违法行为，并排除妨碍或者采取其他补救措施的，处一万元以上三万元以下的罚款；

（4）建筑物、构筑物占河道设计洪水位断面 8％以上 10％以下，或者建筑面积在 150 平方米以上 300 平方米以下，在规定期限内停止违法行为，并排除阻碍或者采取其他补救措施的，处三万元以上五万元以下的罚款；

（5）在规定期限内拒不停止违法行为，不排除阻碍，不采取其他补救措施，或者建筑物、构筑物占河道设计洪水位断面在 10％以上，或者建筑面积在 300 平方米以上的，处五万元的罚款。

2. 在河道、湖泊管理范围内倾倒垃圾、渣土的

（1）垃圾、渣土在 5 立方米以下，在规定期限内清除的，不予罚款；

（2）垃圾、渣土在 5 立方米以上 20 立方米以下，在规定期限内清除或者采取其他补救措施的，处一万元以下的罚款；

（3）垃圾、渣土在 20 立方米以上 50 立方米以下，在规定期限内清除或者采取其他补救措施的，处一万元以上四万元以下的罚款；

（4）在规定期限内拒不清除、拒不采取其他补救措施，或者垃圾、渣土在 50 立方米以上的，处四万元以上五万元以下的罚款。

3. 在河道、湖泊管理范围内从事影响河势稳定、危害河岸堤防安全和其他妨碍河道行洪的活动的

（1）在规定的期限内停止违法行为，排除阻碍，未产生危害后果的，不予罚款；

（2）在规定的期限内停止违法行为，排除阻碍或者采取其他补救措施后基本消除危害后果的，处一万元以下的罚款；

（3）在规定的期限内停止违法行为，排除阻碍或者采取其他补救措施后未能消除危害后果的，处一万元以上三万元以下的罚款；

（4）在规定的期限内拒不停止违法行为，不排除阻碍，不采取其他补救措施的，处三万元以上五万元以下的罚款。

4. 在行洪河道内种植阻碍行洪的林木和高秆作物的

（1）种植面积在 100 平方米以下，在规定的期限内停止违法行为，排除阻

碍的,不予罚款;

(2) 种植面积在 100 平方米以上 600 平方米以下,在规定的期限内停止违法行为,并排除阻碍或者采取其他补救措施的,处一万元以下的罚款;

(3) 种植面积在 600 平方米以上 2 000 平方米以下,在规定期限内停止违法行为,并排除阻碍或者采取其他补救措施的,处一万元以上三万元以下的罚款;

(4) 在规定的期限内拒不停止违法行为,不排除阻碍,不采取其他补救措施的,或者种植面积在 2 000 平方米以上的,处三万元以上五万元以下的罚款。

违法行为分析:

随着城市建设发展,在河道、湖泊管理范围内倾倒垃圾、渣土的现象时有发生。熟练处理这类水事违法行为是水政监察人员必须要掌握的技能。

《中华人民共和国行政强制法》第五十二条:"需要立即清除道路、河道、航道或者公共场所的遗洒物、障碍物或者污染物,当事人不能清除的,行政机关可以决定立即实施代履行;当事人不在场的,行政机关应当在事后立即通知当事人,并依法作出处理。"

特别是在工程管理范围、安全警戒区内倾倒垃圾、渣土,是会严重影响工程运行和防汛安全的。

水事违法行为六　擅自移动、损毁、掩盖界桩和标识牌

执法依据:《江苏省河道管理条例》第十八条　县级以上地方人民政府水行政主管部门应当设置河道管理范围的界桩和标识牌。标识牌应当载明河道名称、管理责任人、河道管理范围以及河道管理范围内禁止和限制的行为等事项。

任何单位和个人不得擅自移动、损毁、掩盖界桩和标识牌。

《行政处罚自由裁量权参照执行标准》:

(1) 违法行为未对界桩、标识牌造成损坏,在规定期限内停止违法行为,恢复原状的,不予罚款;

(2) 违法行为对界桩、标识牌造成损失在一千元(按修复费用计算,下同)以下,在规定期限内停止违法行为,恢复原状的,处二百元以上八百元以下罚款;

(3) 违法行为对界桩、标识牌造成损失在一千元以上一千五百元以下,在规定期限内停止违法行为,恢复原状的,处八百元以上一千五百元以下罚款;

（4）违法行为对界桩、标识牌造成的损失在一千五百元以上二千元以下，在规定期限内停止违法行为，恢复原状的，处一千五百元以上二千元以下罚款；

（5）违法行为对界桩、标识牌造成的损失在二千元以上的，或者在规定期限内拒不停止违法行为，未恢复原状的，处二千元罚款。

水事违法行为七　在涵、闸、泵站、水电站安全警戒区内从事渔业养殖、捕（钓）鱼、停泊船舶、建设水上设施

执法依据：《江苏省河道管理条例》第二十八条 第一款　涵、闸、泵站、水电站应当设立安全警戒区。安全警戒区由水行政主管部门在工程管理范围内划定，并设立标志。禁止在涵、闸、泵站、水电站安全警戒区内从事渔业养殖、捕（钓）鱼、停泊船舶、建设水上设施。

条款释义：违反本条例第二十八条第一款规定，在涵、闸、泵站、水电站安全警戒区内捕（钓）鱼的，由县级以上地方人民政府水行政主管部门责令停止违法行为，可以处二百元以上一千元以下罚款；从事渔业养殖或者停泊船舶、建设水上设施的，由县级以上地方人民政府水行政主管部门责令停止违法行为，限期拆除，可以处一千元以上一万元以下罚款。

《行政处罚自由裁量权参照执行标准》：

1. 违反本条例第二十八条第一款规定，在涵、闸、泵站、水电站安全警戒区内捕（钓）鱼的

（1）违法行为首次实施，经责令后停止违法行为，未造成危害后果的，不予罚款；

（2）违法捕（钓）2次以上5次以下，经责令后停止违法行为的，处二百元以上五百元以下罚款；

（3）违法捕（钓）5次以上7次以下，经责令后停止违法行为的，处五百元以上七百元以下罚款；

（4）违法捕（钓）7次以上的，或者拒不停止违法行为的，处七百元以上一千元以下罚款。

执法管理分析：在水利工程管理范围内捕（钓）鱼是水政执法中最常遇到的问题，但在2018年之前并无水行政法律法规明确界定捕（钓）行为违法。其中，《江苏省水利工程管理条例》第八条第三款规定禁止在水库、湖泊、江河、沟渠等水域炸鱼、毒鱼、电鱼，第四款规定禁止在行洪、排涝、送水河道和渠道内设置影响行水的鱼罾。《中华人民共和国河道管理条例》第二十四条规定

在河道管理范围内禁止设置拦河渔具，但没有明确的罚则。

水利行业管理规定中《水闸技术管理规程》（SL 75—2014）第 5.2.1 条第 3 款规定警戒区内禁止捕鱼。《水闸工程管理规程》（DB32／T 3259—2017）第 9.2.1 条第 c 款规定不得在警戒区内捕鱼，不得在建筑物边缘及桥面逗留、钓鱼。但水利行业管理规定无法作为水政执法的法律依据，也无法进行处罚，对捕（钓）鱼人员无法产生威慑力。

由于捕（钓）鱼人员通常是在河岸上利用杆子甩钩钩鱼、捕鱼，实际上未炸鱼、毒鱼、电鱼，也未设置拦河渔具，水政监察人员无法依法管控、查处捕（钓）行为，只能以劝说教育为主。捕（钓）鱼人员主要分为两类，一类是兴趣爱好，以钓鱼为乐趣，通常钓上鱼后就会放生，劝说教育后也会离开换去可钓区域进行钓鱼。还有一类根本目的是捕鱼营利，常年在闸站、河道就地吃饭喝酒、乱扔垃圾、随地便溺，根本不听从劝说教育，甚至会恶言相向。由于执法依据不足、实施行政处罚困难，捕（钓）鱼现象长期存在，水政执法的效果不佳。

水利工程安全警戒区划定为有效杜绝警戒区内捕（钓）鱼等行为提供法律支撑。

根据自由裁量权相关内容，除了首次实施违法行为并停止违法行为，未造成危害后果的，不予罚款。屡次实施违法行为者、拒不停止违法行为者会给予二百元以上的罚款。需要采用行政处罚法的一般形式。由于捕（钓）鱼者流动性大，身份复杂，水政监察队伍应自动监控，自动报警。利用现代化的水政监察装备（如无人机、操作箱）做到现场处理案例，建立违法人员信息库等。

水事违法行为八　损坏涵闸、抽水站、水电站等各类建筑物及机电设备、水文、通信、供电、观测等设施

执法依据：《江苏省水利工程管理条例》第八条　（一）禁止损坏涵闸、抽水站、水电站等各类建筑物及机电设备、水文、通讯、供电、观测等设施。

条款释义：违反第八条规定的，县级以上水利部门除责令其停止违法行为、赔偿损失、采取补救措施外，可以并处警告、没收违法所得，处一万元以下的罚款，情节严重的、造成重大损失的，经上级水利部门批准，可以处一万元至十万元的罚款；对有关责任人员，由其所在单位或者上级主管部门给予行政处分。应当给予治安管理处罚的，由公安机关依照《中华人民共和国治安管理处罚条例》处罚。构成犯罪的，依法追究刑事责任。

《行政处罚自由裁量权参照执行标准》：

（1）违法行为对工程设施造成损失在五百元以下，在规定期限内停止违法行为，采取补救措施并全额赔偿损失的，不予罚款；

（2）违法行为造成的损失在五百元以上五千元以下，在规定期限内停止违法行为、赔偿损失，或者采取补救措施的，处警告，没收违法所得，并处一万元以下的罚款；

（3）违法行为造成的损失在五千元以上一万元以下，在规定期限内停止违法行为、赔偿损失或者采取补救措施的，处警告，没收违法所得，经上级水利部门批准，处一万元以上三万元以下的罚款；

（4）违法行为造成的损失在一万元以上三万元以下，在规定期限内停止违法行为、赔偿损失或者采取补救措施的，处警告，没收违法所得，经上级水利部门批准，处三万元以上四万元以下的罚款；

（5）违法行为造成的损失在三万元以上五万元以下，在规定期限内停止违法行为、赔偿损失或者采取补救措施的，或者违法行为造成的损失在三万元以下，虽在规定期限内停止违法行为，但未赔偿损失，或者未采取补救措施的，处警告，没收违法所得，经上级水利部门批准，处四万元以上五万元以下的罚款；

（6）违法行为造成的损失在五万元以上十万元以下，在规定期限内停止违法行为，赔偿损失，或者采取补救措施的，或者造成的损失在三万元以上五万元以下，虽在规定期限内停止违法行为，但未赔偿损失，或者未采取补救措施的，或者造成的损失在一万元以下，但拒不恢复工程原状或者不采取补救措施、赔偿损失的，处警告，没收违法所得；经上级水利部门批准，处五万元以上八万元以下的罚款；

（7）违法行为造成的损失在十万元以上的，或者造成的损失在五万元以上，虽在规定期限内停止违法行为，但未赔偿损失或者未采取补救措施的，或者造成的损失在一万元以上十万元以下，拒不停止违法行为，拒不采取补救措施，拒不赔偿损失的，处警告，没收违法所得；经上级水利部门批准，处八万元以上十万元以下的罚款。

违法行为分析：处于室外、岸边的观测标点、水文标尺、通信电线等是较常见被破坏的设施，水政监察队伍应做好视频监控、信息采集。

水事违法行为九　在水库、湖泊、江河、沟渠等水域炸鱼、毒鱼、电鱼的

执法依据：《江苏省水利工程管理条例》第八条　（三）禁止在水库、湖泊、江河、沟渠等水域炸鱼、毒鱼、电鱼。

条款释义：《江苏省水利工程管理条例》第三十条规定："对违反本条例的单位和个人，按下列规定予以处罚；法律、法规已有处罚规定的，从其规定：

（一）违反第八条规定的，县级以上水利部门除责令其停止违法行为、赔偿损失、采取补救措施外，可以并处警告、没收违法所得，处以一万元以下的罚款，情节严重、造成重大损失的，处以一万元以上十万元以下的罚款；对有关责任人员，由其所在单位或者上级主管部门给予行政处分。应当给予治安管理处罚的，由公安机关依照治安管理处罚法处罚。构成犯罪的，依法追究刑事责任。"

《行政处罚自由裁量权参照执行标准》：

（1）违法行为经责令后立即停止，没有违法所得的，不予罚款；

（2）经责令停止违法行为，有违法所得的，处警告，没收违法所得，并处五千元以下的罚款；

（3）拒不停止违法行为的，处警告，没收违法所得，并处五千元以上一万元以下罚款；

（4）对水利工程设施造成损失的，比照本条的行政处罚自由裁量权参照执行标准第 1 项规定处罚。

第六章
江苏省秦淮河水利工程警戒区划定案例

　　《江苏省河道管理条例》(以下简称《条例》)于 2018 年 1 月 1 日开始施行。该《条例》为加强河道管理和保护,规范开发利用,保障防洪和供水安全,改善水生态环境,发挥河道的综合效益提供了法律支撑,是我省河湖长制所做的重要举措。《条例》第二十八条规定:"涵、闸、泵站、水电站应当设立安全警戒区。安全警戒区由水行政主管部门在工程管理范围内划定,并设立标志。禁止在涵、闸、泵站、水电站安全警戒区内从事渔业养殖、捕(钓)鱼、停泊船舶、建设水上设施。"

　　依据《条例》,江苏省秦淮河水利工程管理处依法在水利工程管理范围内划定安全警戒区。2018 年 12 月,完成了《省秦淮河水利工程管理处水利工程安全警戒区划定实施方案(报审稿)》编制工作,2018 年 12 月 13 日管理处组织了专家评审会。会后根据专家评审意见对报审稿进行了修改完善,完成了《省秦淮河水利工程管理处水利工程安全警戒区划定实施方案(报批稿)》修订编制工作。

　　2019 年,按照省水利厅办公室印发的《关于水利工程安全警戒区设置的意见》(苏水办运管〔2019〕14 号)和《关于开展省管水利工程安全警戒区划定工作的通知》(苏水办河〔2019〕5 号)要求,省秦淮河水利工程管理处完成了《安全警戒区划定实施方案》的编制,管理处处属 3 座水利工程秦淮新河闸站、武定门泵站、武定门闸划定了安全警戒区范围,并设立警示牌及标志。

　　2020 年 1 月 6 日,江苏省水利厅《关于省秦淮河水利工程管理处安全警戒区划定实施方案的批复》(苏水办河〔2020〕1 号)批准实施。

6.1 基本情况

6.1.1 项目背景

1. 自然条件

（1）地理位置。

秦淮河流域地处北纬 $31°35'\sim32°07'$，东经 $118°43'\sim119°18'$，位于江苏省西南部，是长江下游支流，其边界范围为西、北以长江为界，东至秦淮河与太湖流域分水岭茅山—青龙山一线，南至苏皖省界及秦淮河与水阳江流域分水岭西横山—秋湖山一线。流域呈蒲扇形，长宽约 50 km，面积 2 631 km²。

（2）水文气象。

秦淮河流域为亚热带向暖温带过渡的季风区，四季分明，气候温和，雨量充沛，日照充足，无霜期达 9 个月。年平均气温 15℃～16℃，最高气温 43℃，最低气温－14℃。年平均降雨量 1 038 mm、蒸发量 1 021 mm。全年有 3 个明显的多雨期，即 4—5 月春雨、6—7 月梅雨、8—9 月台风秋雨，季风特征明显，同时，还容易受台风袭击。

（3）地形地貌。

流域地形呈锅形，四周为丘陵山区，占 80%；中间腹部为低洼圩区和河湖水面，占 20%。地势从南向北倾斜，上游坡度扇面大，中下游坡度缓，共有大小 16 条支河汇入，大都为山丘河道，具有源短、坡陡、流急、汇流快的特点，出口处又受江潮顶托，造成排水不畅。特殊的地理位置和气候条件，决定了秦淮河流域洪涝干旱等灾害频发，历史上洪涝灾害严重。

2. 水系概况（图 6.1）

秦淮河是长江下游支流，源出句容宝华山（北源）、茅山（东源）、溧水东芦山（南源），即形成句容河和溧水河在江宁西北村汇合成秦淮河，秦淮河经方山埭、上方门至南京市通济门外九龙桥，分为内秦淮河和外秦淮河。

外秦淮河经武定门节制闸向南转折向西经长干桥、赛虹桥转折向北经集庆门桥在西水关外与内秦淮河汇合，后向北经草场门、定淮门、石头城至三汊河口闸汇入长江。外秦淮河有响水河、运粮河、友谊河、东玉带河及南河等支流汇入，设计排洪能力 600 m³/s。

内秦淮河由东水关入城，南段、中段经城区南部的西水关、铁窗棂出城与

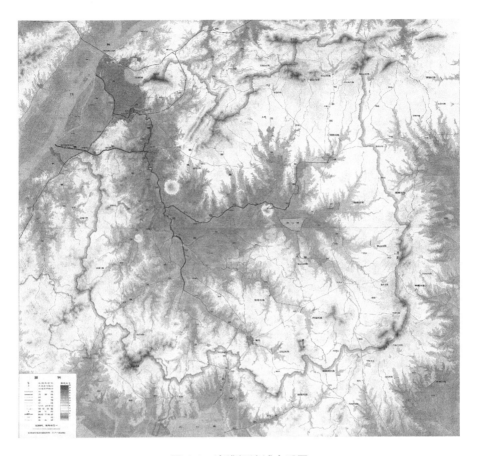

图 6.1　秦淮河流域水系图

外秦淮河汇合。

　　为提高流域的防洪能力,1978 年在江宁东山与长江之间开工建设秦淮新河,自东山镇河定桥起经铁心桥、西善桥穿沙洲圩至金胜村入长江,长16.8 km,设计排洪能力 800 m³/s,它是一条集泄洪、灌溉、通航为一体的人工河,对秦淮河流域防汛安全及工农业生产有关键的作用,有效保障了流域内经济社会的可持续发展。在距入江口 1.8 km 处设秦淮新河水利枢纽工程,枢纽由节制闸、抽水站和船闸(船闸由省交通厅负责管理)组成。

　　秦淮河共有大小支流 16 条,呈扇形向干流汇集,大部为山丘河道,源短、坡陡、流急、汇流快,河谷浅,蓄水能力低,暴雨后汇流快、涨幅大、洪峰高。

3. 水利工程概况(表6.1、表6.2)

秦淮河流域内的2座大中型泵站、2座大中型涵闸及管理范围内的堤防,承担着秦淮河流域的防洪排涝、抗旱灌溉、航运保障和水环境改善等任务,承担着秦淮河流域内南京市区、江宁区、溧水区和句容市50万亩圩区以及禄口机场、南京南站、京沪高铁、宁杭高铁、沪宁高速公路、宁杭高速公路和重要厂矿的防洪、灌溉、航运和补水等综合功能,为秦淮河地区经济社会发展提供重要的支撑。

武定门水利枢纽位于南京市秦淮区武定门外秦淮河下游,距三汊河口12.6 km处,枢纽工程包括中型节制闸和中型抽水站各1座,是秦淮河流域的主要控制工程之一,承担流域防洪、排涝、灌溉、水环境改善等功能。

秦淮新河水利枢纽位于南京市雨花台区秦淮新河,距离入江口1.8 km,枢纽工程由大型节制闸、大型抽水站和船闸组成,是秦淮河流域的主要控制工程之一,承担流域防洪、排涝、灌溉、水环境改善等功能。

表6.1 省秦淮河水利工程管理处节制闸工程基本情况一览表

工程名称	建成时间	工程等别	孔数	闸门宽(m)	设计流量(m^3/s)	校核流量(m^3/s)
武定门节制闸	1960.9	中型	6	8.0	450	
秦淮新河节制闸	1980.6	大型	12	6.5	800	1 100

表6.2 省秦淮河水利工程管理处抽水站工程基本情况一览表

工程名称	建成时间	工程等别	台数	装机功率(kW)	设计扬程(m)	设计流量(m^3/s)
武定门抽水站	1969.5	中型	10	3 300	2.8	46.0
秦淮新河抽水站	1982.6	大型	5	3 150	2.5	50.0

6.1.2 工程管理情况

1. 管理单位情况

省秦淮河水利工程管理处成立于1962年,是省水利厅直属事业单位,负责秦淮河流域2座大中型泵站、2座大中型涵闸及管理范围内堤防的管理;协助省水利厅做好固城湖、石臼湖的保护、开发、利用和管理工作;承担秦淮河流域联防指挥部办公室职责。省编办核定管理处事业编制 174 名,单位性质为差额拨款事业单位。对应分工要求,省秦淮河水利工程管理处下设 3 个管理单位,分别是省秦淮新河闸管理所、省武定门闸管理所、水文站。

省武定门闸管理所成立于 1962 年,位于南京市城南武定门外,距入江口约 13 km,隶属于省秦淮河水利工程管理处,具体管理武定门水利枢纽工程。

省秦淮新河闸管理所成立于 1979 年,位于南京市雨花台区天后村秦淮新河入江口处,隶属于省秦淮河水利工程管理处,管辖秦淮新河水利枢纽工程。

2. 工程管理现状

多年来,管理处按照工程管理精细化的要求,建立了较为系统规范的管理制度和技术管理规程、办法等,认真开展工程检查观测、维修保养、安全管理、运行管理等工作。江苏省秦淮河地区省管水利工程大多建于 20 世纪六七十年代,经长期运行,工程普遍老化,存在问题和隐患较多。对此,管理处先后对秦淮新河闸站、武定门闸站进行了除险加固,累计完成加固改造建设投资 1 亿多元,使江苏省秦淮河地区省管水利工程的运行状况得到显著改善,防洪调水能力得到了明显提高。2016 年成功创建国家级水管单位,2017 年管理处又成功创建安全生产标准化一级单位,工程管理水平得到显著提高。

3. 河湖管理情况

2005 年 3 月 1 日,《江苏省湖泊保护条例》的颁布实施明确规定了包括石臼湖和固城湖在内的 13 个湖泊由省水行政主管部门实施管理。2006 年 12 月,《石臼湖和固城湖保护规划》获得了省政府的批复,明确了石臼湖和固城湖的保护范围、湖泊功能区划、保护措施和实施意见。2008 年 3 月,省水利厅通过文件明确了省秦淮河水利工程管理处协助省厅做好石臼湖、固城湖、秦淮河的保护、开发、利用和管理工作。至此,河湖管理与保护工作全面展开,初步建立了河湖管理与保护体系。

4. 工程划界情况

2018 年,省秦淮河水利工程管理处工程管理范围已按照省厅批准的《厅属管理处河湖和水利工程管理范围划定实施方案》完成了划界工作。划界范围情况见表 6.3。

表 6.3 划界情况一览表

编号	工程名称	所在河流	管理单位	工程规模	设计流量（m³/s）	划定管理范围	备注
1	秦淮新河闸站	秦淮新河	省秦淮新河闸管理所	大型	800	上游右岸堤防 1 220 m，左岸堤防 840 m；下游右岸堤防 940 m，左岸堤防 565 m；右侧宽 15～100 m，左侧宽 70～100 m	界桩：51 个 告示牌：8 个 分界牌：4 个
2	武定门闸	外秦淮河	省武定门闸管理所	中型	450	上游右岸堤防 260 m，左岸堤防 380 m；下游右岸堤防 380 m，左岸堤防 480 m，右侧宽 25～50 m，左侧宽 10～100 m	界桩：37 个 告示牌：8 个 分界牌：4 个
3	武定门泵站	外秦淮河	省武定门闸管理所	中型	46	上游右岸堤防 260 m，左岸堤防 260 m；下游右岸堤防 200 m，左岸堤防 220 m，右侧宽 10～65 m，左侧宽 10～50 m	界桩：16 个 告示牌：6 个 分界牌：4 个

5. 存在问题

(1) 现有管理措施与新法律法规要求不相适应。

《江苏省河道管理条例》第二十八条规定："涵、闸、泵站、水电站应当设立安全警戒区。安全警戒区由水行政主管部门在工程管理范围内划定，并设立标志。禁止在涵、闸、泵站、水电站安全警戒区内从事渔业养殖、捕（钓）鱼、停泊船舶、建设水上设施。"管理处虽已按照相关规定划定了水利工程管理范围，但没有划定安全警戒区范围，日常管理无法适应法律法规新的要求。

(2) 对现有管理范围内违法行为缺乏有效管理手段。

河道沿线一些单位和居民受传统习惯的影响，文明意识较差，法制观念淡薄，随意在河岸上捕（钓）鱼，堤防有违占、违建、违法种植等现象；工程管理范围内市政道路、桥梁设施多，与城市地方有关部门存在交叉管理，情况复杂，管理难度较大；工程管理范围内对捕（钓）鱼这种较为普遍的现象执法依据不足。

(3) 社会层面对水利工程保护意识不强。

社会层面对河道及水利工程管理部门在其管理职权范围内实施行政处罚等监督管理职责认识不足，水事违法案件时有发生，水利部门查处时有较大阻力。

（4）现有监控设施无法满足水利现代化管理要求。

管理处所属工程管理区域视频监控设施较少,平时的执法巡查主要依靠执法人员现场巡查,费时费力,对在管理范围内发生的水事违法行为,无法做到早发现、早制止、早处理。

6.1.3　安全警戒区划定的必要性及可行性

全面实行河长制,落实河道管理保护地方主体责任,建立健全部门联动综合治理长效机制,维护河道健康生命和河道公共安全,提升河道综合功能。尽管我省已广泛开展河道和水利工程管理范围划定工作,但在管理范围内执法依据不足,实施行政处罚困难依然困扰着广大水利工程管理单位。因此,在水利工程管理范围的基础上进一步明确安全警戒区范围,显得尤为重要。

1. 必要性

（1）划定安全警戒区是推动法治水利建设的必然要求。

根据《江苏省河道管理条例》,水利工程必须划定水利工程安全警戒区。

（2）划定安全警戒区是保证工程安全运行的基础保障。

省秦淮河水利工程管理处现有工程划定的管理范围是敞开式的,3个水利工程附近经常有捕(钓)鱼、偶有违法建设的行为,目前的法律法规对于捕(钓)鱼缺乏有效的管理手段,这严重影响水利工程的安全,迫切需要划定安全警戒区范围,进一步细化水行政执法巡查制度,并通过围栏建设、视频监控系统建设等,切实保障水利工程的安全运行。

（3）划定安全警戒区是对划界确权成果的有效利用。

厅属管理处河湖和水利工程管理范围划定成果合法依规,数据准确可靠,需要进一步扩大成果的应用范围,在划界确权的基础上进行安全警戒区划定,可以更有效地发挥划界确权成果的作用。

2. 可行性

（1）《江苏省河道管理条例》自 2018 年 1 月 1 日起施行,《条例》的实施为安全警戒区的划定提供了法律依据。

（2）江苏省水利厅高度重视,要求省秦淮河水利工程管理处认真组织安全警戒区范围划定实施方案的编制工作。

（3）管理处大力支持,给予资金保障。管理处成立安全警戒区划定领导小组,负责划定工作的指挥、协调和筹划工作;领导小组下设办公室,办公室设在水政科(水政支队),负责安全警戒区划定实施方案的制定、实施等具体工作。按现有的省级财政投入,本次开展水利工程安全警戒区划定工作经费有充分保障。

(4)安全警戒区划定有良好的项目基础。省秦淮河水利工程管理处已于2018年10月完成水利工程划界确权合同验收工作。工程管理范围已明确,相关成果已完成验收,并纳入水利地理信息系统。

(5)本次警戒区范围的划定,在现有省秦淮河水利工程管理处工程管理范围内进行,不涉及其他单位和部门权属。

6.2 指导思想和基本原则

6.2.1 指导思想

深入贯彻习近平总书记关于国家水安全战略的重要讲话精神,根据加快推进水利现代化和水利改革发展,建设环境美的新江苏的要求,准确划定水利工程安全警戒区范围,明确警戒区界线,设立标示牌等保护标志,推进完善范围明确、责任落实的水利工程管理保护责任体系,牢固树立以人为本、人与自然和谐共生的理念,尊重水的规律,维护河湖生命健康,科学规划、完善机制、落实责任、强化监管,着力提升河道及水利工程管理的能力和水平,充分发挥水利工程应有的功能和效益,有力支撑经济社会的可持续发展。

6.2.2 基本原则

(1)依法依规,保障功能。以有关法律法规、规范性文件、技术标准和相关技术文件为依据,开展水利工程安全警戒区划定工作,保障水利工程各项功能完好和水利工程效益充分发挥。

(2)尊重历史,因地制宜。对现有工程现状和部分历史遗留问题,本着尊重历史的原则,综合考量。

(3)统一要求,分批推进。统一确定警戒区范围划定的范围、标准、目标任务及实施安排,明确责任分工,落实保障措施,规范成果应用。按时间节点、时序进度控制要求和项目实施的难易程度,先易后难、分批分段推进。

(4)落实责任,权责清晰。按照事权划分和分级管理的要求,工程安全警戒区划定工作由省秦淮河水利工程管理处负责,警戒区划定实施方案由省水利厅(上级水行政主管部门)审批。

(5) 成果共享,注重应用。进行信息化建设,建立信息共享系统,加强数据共享和具体管理工作衔接,做好成果与南京市地方水利、公安等联合执法部门(单位)的对接,并将成果纳入管理处一体化信息平台日常管理。

6.3　工作目标

6.3.1　总体目标

按照法律法规和管理要求,勘测、划定水利工程安全警戒区范围线,制作安装围栏及建设视频监控系统,并将成果应用在日常管理中,为维护正常的水事秩序和水利工程安全运行打好基础。划定工程安全警戒区范围,补充警戒区巡查、督查、考核制度;对违反《江苏省河道管理条例》规定的在安全警戒区内捕(钓)鱼等违法行为进行查处,维护正常的水事秩序,确保水利工程安全运行。

6.3.2　阶段目标

根据相关法律法规的规定,结合秦淮河水利工程的实际情况,设定的阶段目标为:

(1) 2018 年,完成实施方案编制大纲,并通过专家评审;完成实施方案编制并报批。

(2) 2019 年,开展安全警戒区划定立项审批,警示牌、界桩(牌)制作安装及信息化;完善安全警戒区巡查、督查、考核制度。

(3) 警戒区范围划定后,根据水利工程管理实际情况开展围栏制作安装及视频监控系统的建设,另行编制详细实施方案。

6.3.3　划定警戒区范围的水利工程范围

根据《江苏省河道管理条例》第二十八条规定,按照尊重历史、因地制宜的原则,管理处本次是进行秦淮新河闸站、武定门闸、武定门泵站警戒区范围的划定。划定警戒区范围详见表 6.4。

表 6.4 警戒区划定标准及范围

序号	闸站名称	闸站规模	管理单位	警戒区划定标准	警戒区划定范围
1	秦淮新河闸站	大型	省秦淮新河闸管理所	上游左岸堤防长 840 m,右岸堤防长 1 220 m;下游左岸堤防长为 565 m,右岸堤防长 940 m。上游左岸宽距河口线 30 m(堤防背水坡堤脚线),右岸宽以船闸分界线为界;下游右岸宽以船闸分界线为界,左岸宽距河口线 30 m(堤防背水坡堤脚线)	计划划定面积 419 304 m²,划定周长 4 828.48 m
2	武定门闸	中型	省武定门闸管理所	上游左岸堤防长 380 m,右岸堤防长 260 m;下游左岸堤防长 480 m,右岸堤防长 380 m。上游左岸宽距河口线 15 m,右岸距河口线 33 m(以管理线为界);下游左岸宽距河口线 15 m,右岸宽距河口线 23 m(以管理线为界)	计划划定面积 148 374 m²,划定周长 2 319.42 m
3	武定门泵站	中型	省武定门闸管理所	上游左、右岸堤防长 260 m,下游左、右岸堤防长 220 m;左、右侧以管理范围线为界	划定面积 53 530.91 m²,划定周长 1 348.74 m

6.4 依据和标准

6.4.1 依据

1. 法律、法规、省政府规章

(1)《中华人民共和国水法》(2016 年修订);

(2)《中华人民共和国防洪法》(2016 年修订);

(3)《中华人民共和国土地管理法》(2019 年修订);

(4)《中华人民共和国土地管理法实施条例》(2014 年修订);

(5)《中华人民共和国河道管理条例》(2018 年修订);

(6)《大中型水利水电工程建设征地补偿和移民安置条例》(2017 年修订);

(7)《江苏省土地管理条例》(2004 年修订);

(8)《江苏省水利工程管理条例》(2018 年修订);

(9)《江苏省河道管理条例》(2018 年 1 月 1 日起实行);

(10)《江苏省长江防洪工程管理办法》(2018 年修订);

(11)《江苏省水资源管理条例》(2018 年修订);

(12)《江苏省防洪条例》(1999 年)。

2. 地方规定

(1)《南京市水利工程管理和保护办法》;

(2)《南京市防洪堤保护管理条例》;

(3)《南京市蓝线管理办法》。

3. 规范、规程及标准

(1)《中华人民共和国工程建设标准强制性条文(水利工程部分)》;

(2)《水利水电工程初步设计报告编制规程》(SL 619—2013);

(3)《水工混凝土结构设计规范》(SL 191—2008);

(4)《堤防工程管理设计规范》(SL 171—96);

(5)《水闸工程管理设计规范》(SL 170—96);

(6)《堤防工程设计规范》(GB 50286—2013);

(7)《水利水电工程测量规范》(SL 197—2013);

(8)《城市测量规范》(CJJ/T8—2011);

(9)《工程测量规范》(GB 50026—2007);

(10)《全球定位系统城市测量技术规程》(CJJ73—2010);

(11)《水利水电工程建设征地移民安置规划设计规范》(SL 290—2009);

(12)《国家三、四等水准测量规范》(GB/T 12898—2009);

(13)《测绘成果质量检查与验收》(GB/T 24356—2009);

(14)《防洪标准》(GB 50201—2014);

(15)《全球定位系统(GPS)测量规范》(GB/T 18314—2009);

(16)《全球定位系统实时动态测量(RTK)技术规范》(CH/T2009—2010);

(17)《国家基本比例尺地图图式　第 1 部分:1∶500　1∶1 000　1∶2 000地形图图式》(GB/T 20257.1—2017);

(18)《基础地理信息要素分类与代码》(GB/T 13923—2006);

(19)《自然资源部办公厅关于印发测绘资质管理办法和测绘资质分类分级标准的通知》(自然资办发〔2021〕43 号);

(20)《水利水电工程设计工程量计算规定》(SL 328—2005);

其他技术标准、规范、规程。

4. 有关政策文件

(1)《水利部印发关于深化水利改革的指导意见》(水规计〔2014〕48 号);

(2)《水利部关于印发〈关于加强河湖管理工作的指导意见〉的通知》(水建管〔2014〕76 号)。

5. 有关资料

(1) 省秦淮河水利工程管理处所属水利工程最新划界和确权成果资料;

(2) 省秦淮河水利工程管理处管理范围最新大比例尺地形图资料;

(3) 江苏省第一次全国水利普查资料(2013 年);

(4)《江苏省河湖和水利工程管理范围划定实施方案编制大纲》(苏水管〔2015〕105 号);

(5)《江苏省河湖管理范围和水利工程管理与保护范围划定技术规定(试行)》(苏水管〔2015〕64 号);

(6)《江苏省河湖和水利工程管理范围划定成果信息采集技术要求(试行)》(苏水管〔2015〕136 号);

(7)《江苏省管水利工程管理现代化规划》(2011—2020);

(8)《厅属管理处河湖和水利工程管理范围划定实施方案》(2017);

其他的各类专题资料等。

6.4.2 标准

1. 警戒区划定依据

根据《江苏省河道管理条例》第二十八条和省水利厅办公室印发的《关于水利工程安全警戒区设置的意见》(苏水办运管〔2019〕14 号)等相关规定,由闸、站管理所结合水利工程管理实际,在《省秦淮河水利工程管理处水利工程安全警戒区划定实施方案》中提出建议,经区水务局批复后确定警戒区划定范围。

2. 警戒区划定标准(表 6.5、图 6.2、图 6.3)

(1) 水利工程安全警戒区范围应包括闸站主体工程、上下游翼墙、岸墙、上下游进水池、捞草机设施、上下游拦河索范围内水域等对水利工程安全运行有重要影响的区域。

(2) 由于管理处河道及水利工程处在南京市区及城郊接合部,警戒区范围内市政设施多,与城市有关部门存在交叉管理,情况复杂,管理不便。本着尊重历史和结合管理现状的原则,提出安全警戒区划定标准,经水利厅批复后实施。

表 6.5　工程安全警戒区划定标准表

编号	名称	工程规模	划定标准	划定范围	划定依据	备注
1	秦淮新河闸站	大型	上游左岸堤防长 840 m,右岸堤防长 1 220 m;下游左岸堤防长为 565 m,右岸堤防长 940 m。上游左岸宽距河口线 30 m(堤防背水坡堤脚线),右岸宽以船闸分界线为界;下游右岸宽以船闸分界线为界,左岸宽距河口线 30 m(堤防背水坡堤脚线)。计划划定面积 419 304 m²,划定周长 4 828.48 m	闸主体工程;上下游翼墙、秦淮新河闸管理所办公区域;南堡、北堡;河道堤防及水域	《江苏省水利工程管理条例》《江苏省河道管理条例》《厅属管理处河湖和水利工程管理范围划定实施方案》	禁止在安全警戒区内从事渔业养殖、捕(钓)鱼、停泊船舶、建设水上设施
2	武定门闸	中型	上游左岸堤防长 380 m,右岸堤防长 260 m;下游左岸堤防长 480 m,右岸堤防长 380 m。上游左岸宽距河口线 15 m,右岸宽距河口线 33 m(以管理线为界);下游左岸宽距河口线 15 m,右岸宽河口线 23 m(以管理线为界)。计划划定面积 148 374 m²,划定周长 2 319.42 m	闸主体工程、上下游翼墙、南堡、北堡;河道护堤、堤顶道路、挡浪墙;上游拦河索范围内水域;秦虹大桥下河道;下游管理范围等	同上	同上
3	武定门泵站	中型	上游左、右岸堤防长 260 m,下游左、右岸堤防长 220 m;左、右侧以管理范围线为界。划定面积 53 530.91 m²,划定周长 1 348.74 m。	站主体工程;上下游翼墙、岸墙;上游进水池、捞草机设施,河道堤防及水域;红旗桥下河道;下游拦河索范围内水域等	同上	同上

图 6.2　秦淮新河闸站工程安全警戒区范围划定示意图

图 6.3　武定门闸站工程安全警戒区范围划定示意图

6.5　主要任务及实施方案

6.5.1　安全警戒区划定

1. 工作流程（图 6.4）

（1）编制实施方案，经上级主管部门批复同意。

（2）通过公开招标择优选取实施单位。

（3）安全警戒区范围内地形图修补测。

（4）按照警戒区划定标准，2019 年开展警戒区范围划定，埋设警示牌、界桩（牌），并进行警戒区划定相关要素的矢量要素采集工作，将警示牌、警戒区范围线及警戒区范围面录入水利地理信息平台系统。

（5）2019 年完善警戒区范围内巡查、督查、考核制度。

（6）将以上成果分别对接管理处信息化系统。

（7）项目验收并移交，资料归档。

2. 界桩（牌）、警示牌、标志标牌布设

（1）警戒线桩（牌）。

① 设置闸站工程桩（牌）时，在其警戒区范围按顺时针方向布设界桩。对于已埋设且位置准确的管理线界桩，达到管理效果的，原则上不重新制作，可以考虑桩上喷涂编号、内业整理、统一编号。

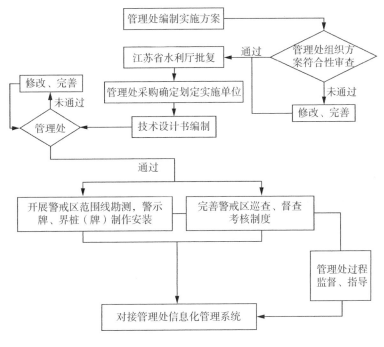

图 6.4　工作流程图

② 桩(牌)间距。桩(牌)间距一般不大于 50 m,若遇建筑物或其他特殊情况无法埋设管理线界桩时,可考虑埋设界牌、线牌或挂牌。

③ 下列情况应增设桩(牌):码头、桥梁等重要涉水项目处;河道和水利工程转角(角度小于120°)处;水事纠纷和水事案件易发地段或行政界处。

④ 界桩点位能控制水利工程警戒区范围边界的基本走向,界桩顶部标注警戒线走向。

⑤ 水利工程存在界桩共桩情况时,技术规定参照划界相关要求执行。

(2) 警示牌。

每两块警示牌之间相距不超过 200 m。其中,对人口密集或人流聚集地点、河岸应加密。

(3) 界桩(牌)编号。

独立闸、站选择上游(主要运行工况水流方向)右岸警戒区范围界桩作为起始点,按顺时针方向依次编号。

编号格式:WDMZ-SQHH-JJ0003,WDMZ 为武定门闸拼音缩写,SQHH 为秦淮河水利工程管理处拼音缩写,JJ0003 为第三根警戒界桩,界桩上可喷绘简码,如 WDMZ-JJ3。

对于交汇和相邻建筑物,公共界桩按主建筑物管理范围编号,交汇区内可设虚拟点,不埋桩、不编号。

若在已立界桩之间需要加埋界桩时,其界桩编号在上一个原有界桩号后加"-"再加数字序号,保证同一水利工程界桩编号不重复,如"WDMZ-SQHH-JJ0003-1""WDMZ-SQHH-JJ0003-2",界桩简码则为3-1、3-2等。

3. 界桩(牌)、警示牌、标志标牌规格设计

(1)界桩(牌)。

① 界桩(图6.5)。

材料选用钢筋混凝土结构,预制安装,混凝土标号选用C30。

设计规格:形状为长方形柱体,高度1 000 mm,横截面长150 mm、宽100 mm。

埋置标示:在向河道(水利工程)面喷涂"严禁破坏";背河道(水利工程)面喷涂"严禁移动"。在向河道(水利工程)面左侧面从上至下分别喷涂水利标志、"××警戒范围线"、界桩编码;在向河道(水利工程)面右侧面喷涂"江苏省秦淮河水利工程管理处"。桩面底色为警示黄色,水利标志喷涂蓝色,其他字体喷涂醒目红色,桩顶预留测量标志和警戒线走向箭头。

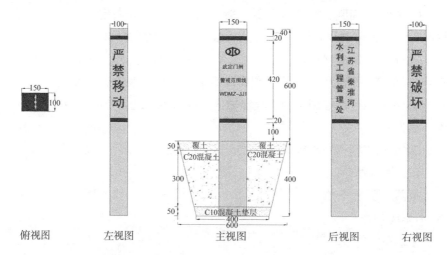

图6.5 警戒区范围界桩设计示意图(单位:mm)

埋设要求:地面以下400 mm,地上露出600 mm,下设50 mm C10混凝土垫层,回填时先回填C20混凝土300 mm,再回填土50 mm,保证填筑密实。

界桩埋设时,"严禁移动"面应背向河道(水利工程),并与岸线平行。界桩垂直方向偏斜不应超过5°,水平方向上与河道岸线夹角偏斜不应超过15°。

② 简易界牌(图6.6)。

在不便埋设界桩的地方,可以用简易界牌代替。

制作规格:形状为长方形,长150 mm、宽100 mm。从上至下分别喷印水利标志(蓝色)、××闸站名(红色)、测量标志(红色)、"警戒区范围线"(红色)、喷涂编码(红色)、"江苏省秦淮河水利工程管理处"(红色)。字体均为长仿宋。以上标志及文字均居中,如文字数量较多,可适当缩小其大小,以美观、清晰为宜。

制作材料:预制150 mm×100 mm方形铁片,背景颜色为黄色。

安装要求:四角使用膨胀栓直接固定至地面、河道栏杆或建筑物上,字头正对河道方向。

图6.6　警戒区范围界牌示意图

(2) 警示牌。

制作规格:警示牌总宽2 000 mm,高2 700 mm(地面以上),其中面板尺寸1 500 mm×2 000 mm(宽×高)。警示牌包括正、反两面。正面包含警示图例、警戒区范围示意图、监督电话等,反面为有关警戒区水法律法规宣传标语。立柱粘贴红白相间反光贴纸。警戒区范围警示牌设计示意图见图 6.7。

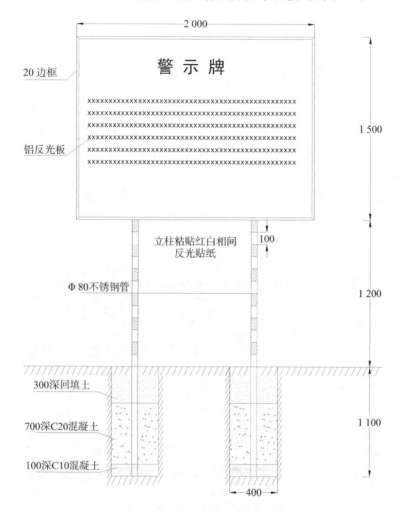

图 6.7　警戒区范围警示牌设计示意图(单位:mm)

制作材料:根据抗风能力分析,采用 Φ80 mm 锌钢管做支架,面板采用铝反光面板制作,底座采用 C20 混凝土浇筑。

埋设要求:警示牌立柱管埋入地下 1 100 mm,底部浇筑 100 mm 厚 C10 混凝土垫层,其上浇筑混凝土底座,底座厚 700 mm,浇筑混凝土平面尺寸 400 mm×400 mm,上面再覆土 300 mm 压实。警示牌垂直方向上偏斜不应超过 5°,水平方向上与河道岸线夹角偏斜不应超过 15°。

警示牌正反面见图 6.8～图 6.11。

图 6.8　秦淮新河闸警示牌正面

图 6.9　武定门闸警示牌正面

图 6.10   武定门泵站警示牌正面

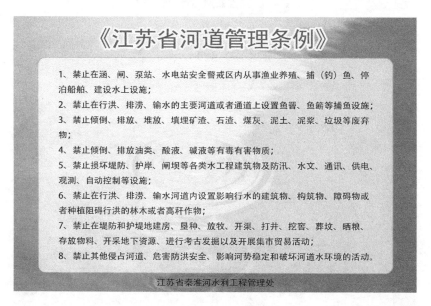

图 6.11   警示牌反面

6.5.2　组织实施

1. 进度要求

根据目标任务要求,落实安全警戒区划定的进度计划安排以及责任单位、责任人。明确各工作流程的时间节点要求。

2021年9月上旬,完成实施方案编制大纲,并通过专家评审;完善实施方案并报批。

2021年9月中旬,完成安全警戒区划定立项审批。

2021年11月底,完成警示牌、界桩(牌)、标志标牌的制作安装及信息化。完善安全警戒区巡查、督查、考核制度。

2. 勘界定桩实施

(1)施工单位资质要求。

根据《关于印发〈测绘资质管理规定〉和〈测绘资质分级标准〉的通知》(国测管发〔2014〕31号),警戒区范围划定工作资质要求:现场界桩(牌)埋设和测量单位应具有国家测绘行政主管部门颁发的乙级(含乙级)以上测绘资质,包含水利工程测量、不动产测绘、地理信息系统乙级(含乙级)以上资质。

(2)空间参考系。

坐标系统采用2000国家大地坐标系,中央子午线120°。原有资料统一转换至该坐标系下。

高程系统采用1985国家高程基准。

(3)图幅规格。

工作底图采用修测1∶1 000水利工程地形图,底图范围要包含六合区区属闸站安全警戒区的范围。

图名按水利工程分别编制。闸工程名称为:××闸(如三汊湾闸等)安全警戒区范围地形图。

采用50 cm×50 cm正方形分幅。地形图编号采用流水编号法,本次警戒区划定按河道从北向南、由西向东流水编号,编制图幅拼接表。

(4)测绘仪器。

界线测量、放样可采用GNSS接收机、全站仪等进行作业。

所用测量仪器必须经有资质的单位检定合格并在有效期内使用。

(5)控制测量技术要求。

测区引用的起始平面控制点不低于五等GPS(GNSS)点,起始高程控制点不低于四等水准点。

所有引用的控制点需有可追溯的来源并符合相应技术规定。

采用 GPS-RTK 测量控制点时,应采用能控制整个测区范围且分布均匀的不少于 3 个控制点进行参数转换,平面坐标转换残差应小于±2 cm。RTK 控制点测量转换参数的求解,不能采用现场点校正的方法进行。

每次作业开始前或重新架设基准站后,均应进行至少一个同等级已知点的检核,平面坐标较差不应大于±7 cm。

(6) 界桩(牌)、警示牌测量放样技术要求。

内业划好警戒线并采集警戒线拐点坐标,外业对界桩点位置进行放样测量,并校核成果。对于变化的界桩点应实地考证并展绘上图调整已划界线。

警示牌尽量设置在路口、桥边等人流量大的地方。

一般情况下要求采用 GNSS RTK(JSCORS 或单基站 RTK)进行点放样,也可全站仪极坐标法进行放样。

当采用全站仪在基本控制点上不能直接放样时,也可在图根导线点或增设支线点上放样。增设支线点不能超出 2 站。使用全站仪放样时,边长不宜超过 300 m。

界桩点放样前应对测站和方向点的坐标和高程进行检核,满足规范要求后方能进行放样。

界桩(牌)、警示牌的埋设位置相对于邻近控制点的点位误差不应大于±10 cm。

(7) 安全警戒区范围线图绘制。

安全警戒区范围线图上用蓝色实线绘制闸站警戒范围线,线宽为0.6 mm。

安全警戒区界线桩点用蓝色圆圈表示,直径 1.5 mm,桩点符号内线条做掏空处理,界桩编号在桩位旁标注,不要压盖河床,等线体字高 2.0 mm,颜色为蓝色。

安全警戒区范围线图上应适当标注特征拐点的坐标,采用引线标注,HZ 字体字高 2.0 mm,颜色为蓝色;无拐点的顺直河段按 300 m 间距标注。

根据图面负载适当、注记清晰匀称的原则,标注相邻界桩点间距,字头朝向河道内侧垂直警戒范围线注记,HZ 字体字高 1.5 mm。

安全警戒区范围线图的分幅、字体规格、图框注记整饰等应按《国家基本比例尺地图图式》(GB/T 20257)要求操作。

（8）数据信息化准备。

安全警戒区范围划定成果数据入库代码应以《基础地理信息要素分类与代码》(GB/T 13923—2006)为依据制定，分类应与其一致、不冲突，对应要素的分类方法、分类体系和编码不与其矛盾。数据按照 GIS 表达标准，分点、线、面三种符号，满足数据没有空白代码或代码错误的地物。

要素应保证其完整性。连贯的线状地物和面状地物不得因注记、符号等间断，如河流不得因桥等地物间断。保证数据没有悬挂点和伪节点、重点和重线、线条自相交或打折。

拓扑关系应正确。面状地物应严格封闭，如警戒范围面；相连要素、相接要素必须严格相连、相接。

数据分层正确。地形要素需满足基础地理信息标准，增加界桩（牌）、警示牌、警示范围线、警示范围面等图层。

属性填写应规范、正确。要素分类代码、闸名称为必填字段，要确认所填属性是否为空值，是否具有唯一性；所有属性项值的填写都不能包含空格。

6.5.3　施工组织设计

1. 施工条件

省秦淮河水利工程管理处位于城区，场外交通条件很好。所管工程附近有堤顶道路、堤后道路或处于交通干线上，与县、乡道及高速公路相通，陆路交通发达，可保证材料的运输。

工程区地处苏南平原区，属于亚热带向暖温带的过渡地带，具有明显的季风气候特点，气候湿润，四季分明，无霜期较长，日照充裕，雨量丰沛。每月施工有效天数平均约 22 天。

各工程均已划定管理范围，为工程施工提供了施工场地。各工程管理区均设有相应的管理所，可就近解决水电问题。

施工区位于南京市秦淮区和雨花区，市内陆路交通发达，两区内有绕城公路和城东干道，另外还有纵横交错的区间公路直通施工现场。

2. 主体工程施工

（1）施工流程。

中标后，编写施工计划和《测绘指导技术设计书》，明确施工流程，确保管理处成果整理。

施工流程见图 6.12。

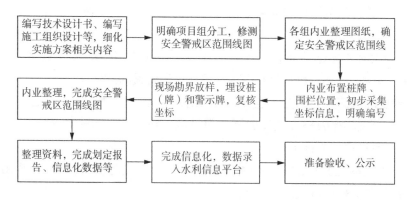

图 6.12 施工流程图

（2）测量。

根据《城市测量规范》（CJJ/T 8—2011）进行实地测量，首先进行资料收集，编写测量技术设计书，确定测量范围，然后按比例尺要求测图，内业整图，进行地形图数字化。

（3）桩(牌)、围栏埋设。

①施工勘查。

对工程情况进行分析，到实地勘查确定材料进场道路，了解周围环境，掌握水情、地形、交通、人情等基本情况，拟定施工方案，确定施工场地布置、施工进度、材料用量和来源等；技术人员进驻工地，施工测量放样，进行施工布置。

②施工进场。

人员、原材料、施工机械设备进场，项目部各职能人员立即就位。

③施工测量放样。

各工地主要负责人和技术负责人在施工前要熟悉地形，对工程进行坐标定位，做好仪器的检验、校核等工作。

④土方工程施工。

本工程土方量主要为警示牌、围栏基础开挖，单体土方量不大，主要采用人工开挖方式，土方开挖就近结合回填堆放土方，弃土就地整平。基坑回填土方压实选用蛙式打夯机夯实。

⑤混凝土及钢筋混凝土施工。

预制混凝土可通过自卸汽车沿河道堤防布设卸货点，再由人工搬运至桩

（牌）点埋设。

本工程各埋设单项工程混凝土浇筑量不大，可选用常用的滚筒锥式拌和机。建筑物混凝土的浇筑仓面比较分散，运送设备根据拌和场地与浇筑仓面的平面位置，选用机动翻斗车运至浇筑现场，再通过人工或手推车翻运入仓。

钢筋应经检验合格，施工前必须先按设计图纸绘制钢筋施工放样图，在加工厂配制成型并用号牌区别，运至现场放样绑扎。

在施工现场根据各部位的设计强度和结构特征，进行配合比设计。混凝土浇筑时应分层浇筑，平仓后采用插入式振捣器振捣，振捣时间持续至取得良好的捣固效果且不至离析为止。前一批次混凝土尚未振实之前，不得在上部增添新的混凝土熟料。在混凝土终凝前应多次人工抹光，防止水化收缩而形成表面龟裂。所有浇筑后的混凝土都要及时养护，且覆盖湿养护的时间不得少于 14 天。

6.6　责任分工和保障措施

6.6.1　责任分工

水利工程安全警戒区范围划定工作应由水利部门组织实施。管理处成立安全警戒区划定领导小组，在省厅指导下，保证水利工程安全警戒区范围划定工作顺利进行。

管理处安全警戒区划定领导小组职责：

（1）负责与南京市地方水利、市政、交通等部门（单位）沟通、协调，负责管理处水利工程安全警戒区划定实施方案的编制和报审工作。

（2）负责水利工程安全警戒区范围划定现场组织实施工作。负责按实施日程安排界桩、界牌、警示牌、围栏、视频监控系统的安装埋设及其他工作；其他相关部门按照各自职责提供安全警戒区范围划定技术支撑，做好配合工作。

6.6.2　保障措施

（1）加强组织领导，强化部门协作。

充分认识水利工程安全警戒区划定工作的重要性和紧迫性，加强组织领导,明确责任分工。管理处安全警戒区划定领导小组下设办公室(水政科),负责安全警戒区划定实施方案的制定、上报、实施等具体工作。处属各相关部门(单位)按照责任分工,切实履行各自职责,确保安全警戒区划定工作的顺利进行。

(2) 落实工作经费,保障工作开展。

根据管理处水利工程安全警戒区划定工作的阶段目标和时序进度,积极争取省级财政安排专项资金,合理使用管理处自有资金,保证建设资金及时足额到位,保障安全警戒区划定工作有序推进。

(3) 健全监督机制,严格责任考核。

安全警戒区划定领导小组办公室将组织人员按工作进度分阶段进行监督检查,并组织专业技术人员对警戒区范围划定成果分别进行验收。建立健全水利工程安全警戒区划定考核评价体系,明确考核目标、办法和奖惩指标,对成绩突出的予以表彰奖励,对工作推进力度不够的采取相应惩罚措施。

(4) 强化宣传培训,引导公众参与。

水利工程安全警戒区划定的工作面广、量大,任务艰巨,情况复杂,管理处将按照省厅的工作要求,积极与南京市地方水利、公安、城管、交通等部门(单位)联系、协调,切实解决好工作中出现的各类矛盾和问题,积极稳步地推进水利工程安全警戒区范围划定工作。及时做好警戒区范围划定工作人员的技术培训工作,提高工作人员的业务能力和水平。要充分利用网络、电视、报纸等多种形式,广泛宣传水利工程安全警戒区范围划定的重要意义,为工作开展营造良好的舆论环境。

6.7 验收

6.7.1 验收部门和验收组织

由管理处组织验收。

6.7.2 验收内容

1. 安全警戒区划定验收

① 划定工作是否符合《安全警戒区划定实施方案》及《安全警戒区划定技

术设计书》的技术规定,划定标准是否符合法律、法规、政府规章和相关技术文件的要求。

② 各项资料及成果图件整理是否齐全,内容及格式是否符合相关规范和文件的要求。

③ 桩(牌)布设是否具有代表性、合理性和规范性,能否满足安全警戒区外缘线的控制和管理要求,制作安装质量是否符合相关技术规定的要求,警示牌埋设的方位是否合理。

④ 测绘方法是否正确、合理,警戒范围线、界桩、警示牌测绘等精度能否满足要求。

⑤ 警戒区划定成果是否按照相关规定要求进入了省厅、管理处信息化平台。

2. 围栏制作安装验收

① 围栏布设是否合理,制作安装质量是否符合相关技术规定的要求。

② 测绘方法是否正确、合理,围栏基础测绘、放样等精度能否满足要求。

3. 视频监控系统安装验收

① 视频监控设备工作情况是否正常,制作安装质量是否符合相关技术规定的要求,监控角度是否正确。

② 监控主机的工作情况是否正常;施工布线是否规范。

③ 设备移交培训是否完成,对用户技术人员做系统运转及维护现场的培训,使其基本了解系统结构、操作维护和操作注意事项,能处理设备产生的一般问题。

④ 图纸、资料的移交是否完成。

6.8　成果

水利工程安全警戒区划定成果对接管理处信息化平台,将划定成果纳入管理处日常的信息化管理中;依据法律法规的要求,逐步细化水利工程安全警戒区范围内管理制度;与南京市公安、地方水利等执法、管理部门做好警戒区信息沟通,建立联合执法长效机制,发挥"两法衔接"机制作用,进一步保障水利工程安全运行和管理。

建立安全警戒区管理子系统,用于警戒区划定成果的后续化管理。将划定成果进行整理、收编、归档,录入安全警戒区管理子系统。

本次水利工程安全警戒区划定成果如下:

(1)实地埋设界桩、界牌、警示牌、围栏。

(2)测量控制点、测量已知点校核表。

(3)安全警戒区范围图及各类埋设物矢量布置图。

(4)安全警戒区各类埋设标识的成果表,需注明桩号、所在位置、平面坐标及高程等。

(5)安全警戒区划定报告。

(6)信息化成果。

6.8.1　秦淮新河闸站安全警戒区划定

1.工程管理范围

上游左岸堤防长 840 m,右岸堤防长 1 220 m;下游左岸堤防长 565 m,右岸堤防长 940 m;左侧宽 70~100 m,右侧宽 15~100 m。

2.安全警戒区范围(图 6.13)

上游左岸堤防长 840 m,右岸堤防长 1 220 m;下游左岸堤防长 565 m,右岸堤防长 940 m。上游左岸宽距河口线 30 m(堤防背水坡堤脚线),右岸宽以船闸分界线为界;下游左岸宽距河口线 30 m(堤防背水坡堤脚线),右岸宽以船闸分界线为界。

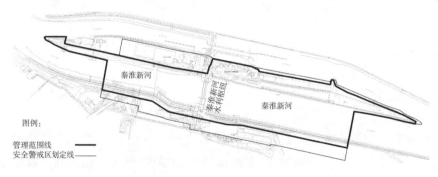

图例:

管理范围线 ————

安全警戒区划定线 ————

图 6.13　秦淮新河闸站安全警戒区划定示意图

6.8.2　武定门闸安全警戒区划定

1. 工程管理范围

上游左岸堤防长 380 m,右岸堤防长 260 m;下游左岸堤防长 480 m,右岸堤防长 380 m;左侧宽 10~100 m,右侧宽 25~50 m。

2. 安全警戒区范围(图 6.15)

上游左岸堤防长 380 m,右岸堤防长 260 m;下游左岸堤防长 480 m,右岸堤防长 380 m。上游左岸宽距河口线 15 m,右岸宽距河口线 33 m(以管理线为界);下游左岸宽距河口线 15 m,右岸宽距河口线 23 m(以管理线为界)。

6.8.3　武定门泵站安全警戒区划定

1. 工程管理范围

上游左岸堤防长 260 m,右岸堤防长 260 m;下游左岸堤防长 220 m,右岸堤防长 200 m;左侧宽 10~50 m,右侧宽 10~65 m。

2. 安全警戒区范围(图 6.14)

上游左、右岸堤防长 260 m,下游左、右岸堤防长 220 m,左、右侧以管理范围线为界。

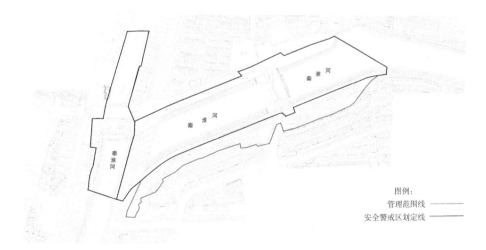

图例:
管理范围线 ————
安全警戒区划定线 ————

图 6.14　武定门闸、武定门泵站安全警戒区划定示意图

6.8.4　安全警戒区划定批复和公告

1. 安全警戒区划定批复(图 6.15)

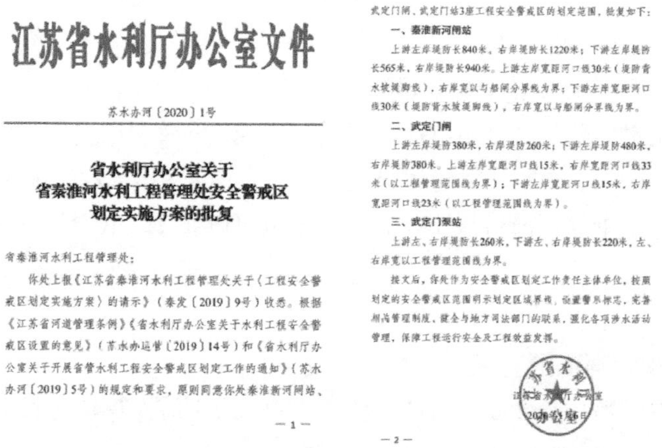

江苏省水利厅办公室文件

苏水办河〔2020〕1号

省水利厅办公室关于
省秦淮河水利工程管理处安全警戒区
划定实施方案的批复

省秦淮河水利工程管理处:

你处上根《江苏省秦淮河水利工程管理处关于〈工程安全警戒区划定实施方案〉的请示》(秦发〔2019〕9号)收悉。根据《江苏省河道管理条例》《省水利厅办公室关于水利工程安全警戒区设置的意见》(苏水办运管〔2019〕14号)和《省水利厅办公室关于开展省直水利工程安全警戒区划定工作的通知》(苏水办河〔2019〕5号)的规定和要求,原则同意你处秦淮新河网站、

—1—

武定门闸、武定门站3座工程安全警戒区的划定范围,批复如下:

一、秦淮新河闸站

上游左岸堤防长840米,右岸堤防长1220米;下游左岸堤防长565米,右岸堤防长940米。上游左岸宽距河口线30米(堤防背水坡坡脚线),右岸宽以与船闸分界线为界;下游左岸宽距河口线30米(堤防背水坡坡脚线),右岸宽以与船闸分界线为界。

二、武定门闸

上游左岸堤防380米,右岸提防260米;下游左岸堤防480米,右岸堤防380米。上游左岸宽距河口线15米,右岸宽距河口线15米(以工程管理范围线为界);下游左岸宽距河口线15米,右岸宽距河口线23米(以工程管理范围线为界)。

三、武定门泵站

上游左、右岸堤防长260米,下游左、右岸堤防长220米,左、右岸宽以工程管理范围线为界。

请你处作为安全警戒区划定工作责任主体单位,按照划定的安全警戒区范围做好标示和区域界系,完善相关管理制度,健全与地方司法部门的联系,强化各项涉水活动管理,保障工程运行安全及工程效益发挥。

—2—

图 6.15　省水利厅关于秦淮河工程管理处安全警戒区划定的批复

2. 安全警戒区划定公告

江苏省水利厅直属工程管理单位和水利工程
管理范围划定的公告

根据《中华人民共和国水法》《中华人民共和国土地管理法》《中华人民共和国防洪法》《江苏省水利工程管理条例》等法律法规和文件规定,经江苏省人民政府同意,现将江苏省水利厅直属工程管理单位和水利工程管理范围划定有关事项公告如下:

一、管理范围

(一)泗阳闸站、黄墩湖滞洪闸、刘老涧闸站、皂河站、沙集闸站、二河闸、淮阴闸、淮沭船闸、淮阴二站、沭阳闸、新沂河海口北深泓闸、新沂河海口中深泓闸、新沂河海口南深泓闸、善后新闸、淮阴站、滨海站、淮安一站、淮安二站、淮安三站、高良涧闸、入海水道大运河立交、入海水道二河新闸、入海水道海口北闸、入海水道通榆河立交、江都一站、江都二站、江都三站、江都四站、万福闸、太平闸、金湾闸、江都西闸、三河闸、蒋坝站、石港站、秦淮新河闸站、望虞河常熟水利枢纽、张家港枢纽、高港枢纽等水利工程按上下游河道、堤防各五百米至一千米,左右侧各一百米至三百米划定管理范围。江都一站、江都二站、江都三站、江都四站按照大型工程标准,结合工程实际情况划定管理范围。

（二）皂河闸、新邳洪河闸、六塘河闸、洋河滩闸、房亭河地涵、邳洪河地涵、六塘河雍水闸、盐河闸、淮涟闸、杨庄闸、柴米闸、柴米地涵、沭新闸、沭新北船闸、烧香河闸、车轴河闸、沭阳尾水控制闸、叮当河尾水控制闸、淮阴站挡洪闸、通榆河总渠立交、运东闸、阜宁腰闸、东沙港闸、六垛南闸、南运西闸、南运西船闸、宝应湖退水闸、北运西闸、镇湖闸、运西分水闸、沙庄引江闸、新河北闸、淮安引江闸、入海水道北泓漫水闸、入海水道调度闸、入海水道南泓漫水闸、入海水道海口南闸、江都东闸、江都送水闸、芒稻闸、运盐闸、邵仙闸洞、宜陵闸、宜陵北闸、三河船闸、蒋坝引江闸、蒋坝进湖闸、石港引江洞、武定门闸、武定门站、丹金闸枢纽水闸工程、钟楼防洪控制工程等水利工程按上下游河道、堤防各二百米至五百米,左右侧各五十米至二百米划定管理范围。

（三）虞姬沟蓄水闸、蔷薇河地涵、沭新退水闸、桑墟电站、盐河北闸、龙埝套闸、沭阳尾水北地涵、盐河尾水南地涵、叮当河尾水南地涵、灌河地涵、响水引水闸、渠北闸、清安河地涵、淮扬公路旱闸、阮桥闸、白马湖穿运洞、山阳地涵、运东引江闸、淮安站变电所、江都站变电所、邵仙套闸、邵伯闸、五里窑闸、三里窑闸、宜陵地涵、蠡河枢纽、月城河枢纽、拉马河闸、省骆运管理处省级防汛抗旱仓库、新河捞草闸、省动力一处排灌设备区等依据权属范围结合实际情况划定。

（四）泰州引江河管理范围划定标准为:西侧至隔离栅栏,东侧按征地范围线。泰州引江河两岸堤防之间的水域、滩地、青坎(含林带)、迎水坡、两岸堤防及护堤地(背水坡堤脚线外不少于十米)均位于划定的管理范围线以内。

（五）新邳洪河大堤(约 1.7 千米)按迎水坡有防浪林台的,坡脚外十米;无防浪林台的,堤脚外三十米至五十米。背水坡东堤至自排河边,南堤到中运河边,西堤至坡脚外四十米,北堤至顺堤河边划定管理范围。

（六）洪泽湖大堤省管段(34K＋900—67K＋250),迎水面防浪林台坡脚外十米。背水坡有顺堤河的,以顺堤河为界(含水面),没有顺堤河的,堤脚外五十米划定管理范围。

（七）入海水道北堤防(省管段)堤外有调度河的至调度河北子堰外堤脚线征地红线,无调度河的至北堤堤脚线外征地红线划定管理范围。

二、有关要求

水利工程管理范围内属于国家所有的土地,由水利工程管理单位进行管理和使用。其中,已经省级以上人民政府批准,由其他单位或个人使用的,可继续由原单位或个人使用。属于集体所有的土地,其所有权和使用权不变。但以上所有从事生产经营的单位和个人,必须服从水利工程管理单位的安全监督,不得进行损害水利工程和设施的任何活动。

特此公告。

江苏省水利厅

2020 - 05 - 19

第七章

江苏省秦淮河工程管理范围(水域)智慧防控案例

7.1 基本情况

7.1.1 项目背景

推进科技创新,充分利用科技信息化手段,配置高清监控、电子围栏和人脸识别等多维感知设备,以加强对工程管理范围安全警戒区等重点领域实施多方位、全天候监控、识别、预警以及突发事件应急查处。秦淮河水利工程管理处建设工程管理范围(水域)智慧防控系统可构建岸线水域一体化智能感知体系,推进管理层智慧水利数据资源整合应用。

7.1.2 建设目标

利用在线监测网络,搭设物联网感知采集层系统,对管理处处属工程武定门闸、武定门泵站、秦淮新河闸站管理范围、安全警戒区(水域)实时数据监测和视频监控,内容涵盖区域图像覆盖、算法布放、平台部署、感知预警以及动态展示等,实现对目标、突发事件适时监控预警,提高工程管理信息化水平,保证工程高效安全运行。

7.2 需求分析

以物联感知为基础,结合 AI 智能分析技术,通过线上远程巡检方式,对人、物、环等重要因素进行监测和分析。

1. 水面漂浮物分析

漂浮物的实时检测是本系统的核心部件,为后续处理漂浮物提供技术支撑。漂浮物分析基于背景减除和图像分割等方法,利用当前图像帧与背景图像差分的技术检测图像中的变化区域,再从所有变化区域中将对应漂浮物的区域单独提取出来。

2. 安全范围防入侵检测

设置流域安全范围,通过识别检测场景中已分割的区域,对比检查监控安全范围内是否有其他人员侵入等情况。

3. 预警设置

设置预警规则和报警规则,通过固定场景中分割、识别出的漂浮物的量进行判断,超出设定阈值时根据报警规则设定的内容,定向通知系统用户。

4. 移动终端需求

本系统配套开发移动终端,为使巡护人员和管理人员的工作更加便捷,配套提供移动终端应用。移动终端涵盖接收消息预警和报警通知、异常处理等功能。

5. 系统安全需求分析

根据《信息安全技术　政务网站系统安全指南》(GB/T 31506—2015),系统的安全风险包括物理安全(即不可抗拒的外界因素导致的安全问题)、操作系统安全、数据库安全、应用系统安全和用户权限管理。

7.3 总体设计方案

7.3.1 总体设计目标

平台的总体设计目标:

(1) 自动采集、分析固定区域内漂浮物特征和漂浮物种类,能够准确识别固定区域的漂浮物,按照平台预警规则,24 小时对监控区域进行安全监测。

（2）实现安全范围内人员入侵检测,实时检测进入管理区域的人员。

（3）通过 Web 系统、APP、大屏可视化等多种形式动态展示水域整体情况,帮助管理部门管理所属水域。

7.3.2　总体设计原则

（1）标准化。本平台采用的技术架构均遵循网络协议和传输标准的要求,相关开源及原创技术均符合国际技术组织条款规范。提供文档标准化,满足《计算机软件文档编制规范》(GB/T 8567—2006)、《信息技术　软件工程术语》(GB/T 11457—2006)的要求。

（2）可扩展性。由于用户以后的需求会不断发展,使用人数将随之扩大,业务压力不断上升,只需横向扩展增加服务器台数,不用添加其他附加设备,即可保证用户的原投资被利用。

（3）易用性。该系统使用界面友好,用户无须安装客户端软件,只需通过浏览器就可进行实时操作,同时系统架构设计优良,方便进行系统升级。

（4）开放式架构。该系统内置数据交换适配平台,可以与第三方系统相融合,读取第三方系统的相关数据,为第三方系统提供其需要的数据,提供标准的 WebService 接口,具有开放式结构。

（5）完善和可靠性。具有设计独到的功能使用及数据访问权限控制,保证统一、规范管理,支持 3DES 和 RSA 加密技术,使数据存储和传输安全牢不可破。系统具有错误、故障日志记录功能,便于快速诊断、定位问题。

7.4　总体架构设计

7.4.1　技术组件

算法分析模块从硬盘刻录机直接读取视频数据,同时为运营管理平台提供数据支撑。运营管理平台一方面控制摄像头等设备的绑定和位置关系,另一方面同算法分析模块联动对漂浮物和入侵情况进行自动化识别。运营管理平台包含消息推送、设备管理、事件管理、阈值预警、事件跟踪等功能(图 7.1)。

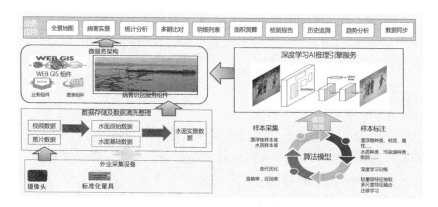

图 7.1 运营管理平台架构

7.4.2 系统拓扑

数据感知层。前端摄像机可以部署于重点巡视区域。视频和抓拍图片推荐存储于边缘端 NVR 设备中。

网络传输层。数据可采用局域网/互联网的方式进行传输。

行业应用层。IVS 行业应用平台可与 NVR 进行对接，并对 NVR 所属的视频通道进行预览和抓图。也可直接与前端摄像机对接，进行预览和抓图（图 7.2）。

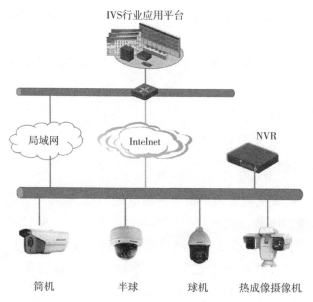

图 7.2 监控拓扑关系

7.4.3 系统架构

安全管理体系系统架构图(图7.3)。

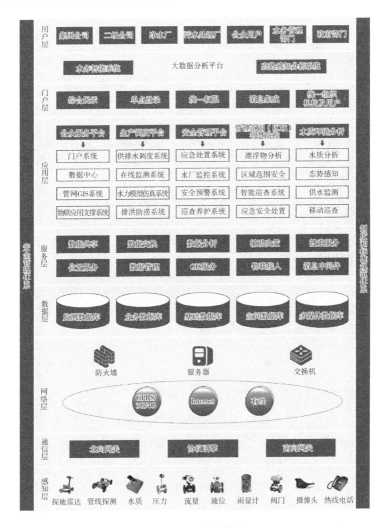

图7.3 系统架构图

7.4.4 建设规划

为确保系统对武定门节制闸上下游3 km范围内无死角监控,系统接入原节制闸下游摄像头6路,新增节制闸上下游7路摄像头,其中上游5路摄像头,下游 2 路摄像头(图 7.4)。

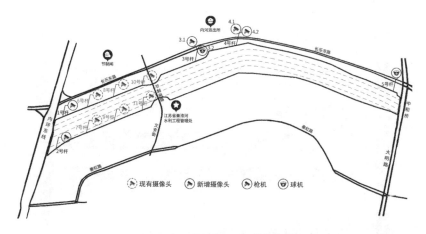

图 7.4　秦淮河武定门闸水域监测施工图

7.5　系统功能设计

系统包含人、物识别模块,数据采集模块,监控预警模块等以及业务管控平台(数据 BI)和移动应用平台等。

7.5.1　人、物识别模块

人、物识别模块包含物品特征提取和物品识别与分类。

物品特征提取。目标特征化是实时、准确识别目标的关键。作为关键步骤,特征提取的目的是获取一组分类特征,即获取特征数目少且分类错误概率小的特征向量。一般特征提取分为特征形成、特征选择和特征提取几部分。

物品识别与分类。目标的识别是一种标记过程,主要用于识别监测场景中已分割的区域。现阶段主要采用决策理论方法和结构方法。决策理论方法以定量描述为基础,即统计模式识别方法,而结构方法依赖于符号描述以及它们的关系。

1. 算法管理

上传漂浮物识别算法和人物识别算法,能够对算法进行更新等操作。

2. 算法运行状态管理

算法运行状态管理可以帮助管理人员实时查看当前算法运行状态,对算法分析模块进行打开和关闭等操作。

3. 异常元数据管理

筛选算法计算出的异常情况和异常数据,为后期安全预警提供基础数据支撑。

7.5.2　数据采集模块

1. 设备管理

支持设备导出功能;设备位置设置不用做地理位置处理,只需要简述其位置信息即可;支持设备新增、修改功能,编辑设备相关信息完成设备新增、修改功能,上述功能需检测设备编码是否重复,重复则操作中止,并提醒用户;支持设备删除和批量删除操作。

2. 数据交互服务

数据交互服务为图像识别算法提供数据接收服务,图像识别模块对分析出的具体事件,通过本服务,将事件消息记录并推送。

服务接收识别到事件关键信息,根据事件种类存储相关信息。入侵检测信息包含调用地址、疑似物体(人、动物、其他)、时间、地点(某个摄像头对应的位置)、摄像头、视频帧(文件服务器地址)。漂浮物识别包含调用地址、疑似物体(物品种类)、时间、地点(某个摄像头对应的位置)、面积、体积、流速、摄像头、视频帧(文件服务器地址)等信息。存储相关信息,并且调用监控预警模块进行事件监管。

系统支持服务状况查看、服务调用日志查看、导出等功能。

7.5.3　监控预警模块

1. 阈值管理

设定系统安全阈值模板,设置数据安全阈值和等级,对系统产生的异常数据进行分类比对,同时根据模板设置配置消息的通知方式等。

区域人员检测入侵阈值管理模板设置,不区分报警等级,具体报警级别由用户统一设置。漂浮物监测阈值模板可根据流速、面积、体积分别设定报警等级。报警等级由流速模板、面积模板和体积模板共同确定,三者分别判断,取最高级别报警等级,根据报警级别调用消息通知服务模块。形状、种类也按需要进行匹配,系统支持阈值模板和阈值匹配记录、查看等功能。

2. 阈值模板设置功能

支持模板新增功能,选择模板类型,设置模板规则、报警等级与模板状态等内容,完成模板设置功能。区域入侵监测不需要设置模板规则,模板规则统一为人员入侵事件。支持模板修改和删除操作,用户维护可对模板类型、模板规则、报警等级和状态等内容进行修改,删除以硬删除方式执行。

7.5.4 事件管理模块

1. 入侵检测管理

系统能够查询区域的入侵情况,同时记录异常事件人员处理情况。与阈值匹配记录的区别在于,本功能涵盖阈值匹配记录,增加了事件处理过程。

系统展示、记录区域入侵事件,支持区域入侵事件清单展示,展示事件处理过程、事件处理人信息,支持工作人员通过手持终端对异常事件接单等操作。

支持事件指派功能,针对未分配(未接单)事件,系统支持管理人员指派给相关工作人员,调用消息通知服务模块,通知相关用户。并且记录指派记录;支持记录导出功能;支持异常事件处理记录详情查询。

任务指派可以按照组指派,或者同时指派多人。可理解为如大型打捞工作需要较多人员配合,即需要多人共同完成,可以对项目指派组或者多人,当同组或者同任务中其他人的任务均完成时,该任务完成,可自动结束操作。

2. 漂浮物检测管理

系统能够查询区域的漂浮物情况,同时记录异常事件人员处理情况。与阈值匹配记录的区别在于,本功能涵盖阈值匹配记录,增加了事件处理过程。

系统展示、记录漂浮物事件,支持漂浮物监测事件清单展示,判断异常事件处理时效(事件发生至事件处理结束之间的时间长度),对异常事件发生后2小时(字典定义)未处理事件标注为超时事件。展示事件处理过程、事件处理人信息,支持工作人员通过手持终端对异常事件接单等操作。

支持事件指派功能,针对未分配(未接单)事件,系统支持管理人员指派给相关工作人员,调用消息通知服务模块,通知相关用户。并且记录指派记录;支持记录导出功能;支持异常事件处理记录详情查询。

7.5.5 巡检管理模块

1. 巡检地点管理

巡检位置点(摄像头或者实际巡检描述点)管理,生成二维码,供工作人员巡检时扫码。支持列表修改和删除功能,删除采用硬删除方式,查看管理巡检位置点,可动态增加、删除位置信息;查看二维码生成信息并支持二维码下载打印。

2. 巡检管理

系统支持巡检记录管理和维护,管理人员能够通过管理平台和手持终端查看巡检记录。巡检记录包含巡检地点(摄像头、地点)、巡检时间、巡检人、是否异常、是否补录、事件上报和附件记录等功能。工作人员能够通过手持终端完成巡检地点二维码扫描(地点信息)、数据填报等功能。

每个管理所负责的站点不一样,巡查人员在一个月内全部覆盖巡检点即可,不需要每次巡检都要巡检所有点。

3. 巡检报表管理

增加巡检周报表和巡检月度报表。要求用户每周填写巡检周报,每月填写巡检月报,可用手机填写,同时数据详情页支持数据导出(单条,Word 内容填充下载)和数据打印。

周报表和月度报表需要分开管理,建议周报表和月度报表均设为二级菜单,功能一致,仅展示样式和数据的不同。

(1) 支持按月份选择"巡检一张图",支持各单位个人巡检工作完成匹配,匹配规则:各单位、个人每月全覆盖其所属巡检点,即认为巡检事件完成。否则显示未完成巡检工作。

(2)地图显示巡检结果,增加巡检点经纬度记录,根据巡检记录和经纬度,通过百度地图或者高德地图选择绘制月巡检轨迹。

7.5.6　数据 BI

1. 系统首页

集合本系统运行数据,实时动态展示系统总体运行状态和检测结果。

系统支持用户汇总统计、事件汇总统计(已处理、未处理)、巡检汇总统计和推送汇总统计等数据展示。其中,事件汇总统计分为区域入侵汇总统计和漂浮物监测汇总统计。区域入侵汇总统计包括事件总数、超时数、未处理数;漂浮物监测汇总统计包含事件总数、超时数、分级别报警数、未处理数、分级别未处理数等数据。推送汇总统计包含推送总数、成功总数等内容。

系统支持事件在线搜索、展示,模拟展示漂浮物监测及人员入侵情况,支持调阅区域入侵事件处理过程和漂浮物监测事件处理过程。支持摄像头内容调阅查看。支持巡检记录查看等操作。

2. 数据可视化展示

数据 BI 功能,对整体系统实现一体化展示,实时动态地展示系统总体运行状态和检测结果(图7.5)。

图 7.5 可视化平面展示图

7.6 成果展示

项目自 2021 年 11 月份试运行,到目前为止运行良好,通过 13 个高清摄像头覆盖秦淮河武定门节制闸上下游 5 km 的范围,经过多次组织测试,模拟漂浮物环境和入侵事件,算法识别效率优化,真正实现了 24 小时全天候自动监控的需求。截至目前,一共监测到入侵事件 50 余次,漂浮物事件 3 500 余次(图7.6、图7.7)。

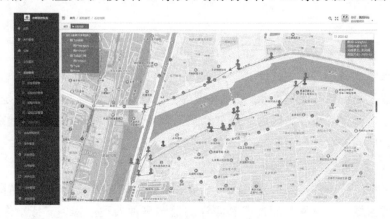

图 7.6 智慧防控成果界面一

图 7.7　智慧防控成果界面二

第八章
江苏省秦淮河水政无人机巡查管理平台案例

8.1 基本情况

根据省厅加快推进厅属管理单位现代化建设和水政监察队伍标准化建设的有关要求，深入推进水政执法信息化建设，提出"基于自动机场的全自动无人机巡检方案"。利用无人机从空中完成自动化巡查，对秦淮河河道、水利工程管理范围及安全警戒区（水域）进行实时自动监测和视频监控，内容涵盖区域图像覆盖、自动巡检、平台部署、感知预警以及动态展示等，实现对目标、突发事件适时监控预警，提高巡查信息化水平，保证工程高效安全运行。

无人机具有成本低、易操控、灵活性高等特点，并且"查得准、盯得住、传得快"，可快捷高效地完成自动巡查任务。

在无人机巡检作业的基础上，基于自动机场的全自动无人机巡检方案极大改善了传统人工巡飞所产生的"飞手人工成本高、通勤开支大、时效性差、精度和一致性差、航程航时短"等问题，实现了任务现场部署，无人机自动起降、自动巡飞、远程操控等功能。自动换电技术确保了无人机3分钟即可再次起飞执行作业，云端AI处理平台对数据实时处理、预警，生成分析结果为远程指挥中心提供决策参考。

基于自动机场的全自动无人机巡检方案具有高效准确、及时响应、节省成本等优势。同时，远程控制中心使无人机巡检集中化操控管理，汇集高水平技术人员进一步提升巡检质量。作业现场部署与远程自动飞行节省作业单位通勤成本与人工成本。

8.2　需求分析

1. 河道日常自动化巡检

在巡检作业中,将智能机场灵活部署在河道沿岸作业场景内,在办公室里设定好巡飞路线,无人机系统即可完成无人机自动起降、图像采集、更换电池等作业,整套系统完全部署在野外环境中,让无人机实现彻底的"无人化"作业。基于地图与 AI 自主航线规划功能,无人机可以自动执行河流巡检任务。

在自动执行飞行巡检任务中,智能无人机巡检系统可以记录高清可见光或者红外巡检图像,通过云端的智能图像识别,发现异常情况并进行报警,同时生成巡检报告。

日常巡检时,无人机将巡检视频(1 080p 高清)传回后台大屏幕,通过大屏幕可实时查看河道整体情况。在小型船只管理方面,自动机场中的无人机可同时携带高清相机和喊话器进行巡视作业,当发现有违规行为的小型船只时,通过喊话器实时喊话进行劝阻和引导,加强小型船只的安全管理。

2. 污染源敏感点自动巡检

污染源敏感点自动巡检实现了对巡检河段污染源敏感点的定时定点拍摄。

远端巡检人员可以在办公室里设定好污染源敏感点巡飞路线,无人机即可定点完成污染源敏感点自动巡检工作。

3. 紧急任务巡检

紧急任务巡检是针对一些突发情况,如河道出现大面积污染,河道内人员、船只发生危险等。将具备自动电池更换和自主起飞的智能无人机机场部署在河道周边,在河道发生突发状况时,无人机可以迅速起飞,进行巡检,快速查找事故源,并将现场情况实时回传到指挥中心。

4. 无人机水域巡检

通过软件制图规划正射航线,生成 KML 文件导入无人机系统,无人机自动执行航线任务,并拍摄图片。无人机降落到机场后,二维正射数据通过FTP 方式传输到后台,后台人员从指挥中心后台系统导入图片到软件制图生成二维正射地图,最终形成区域内河道全局二维地图。

（1）漂浮物识别。

远端巡检人员可以通过自动机场，远程使用无人机携带高清摄像云台，对巡检范围进行定点巡检。同时后期还可以基于巡检图像进行智能开发，实现对漂浮物进行标记并自动报警。

进行漂浮物识别时，先要对相机画面做预处理，然后利用 AI 识别技术，将预处理的画面输入 AI 算法中，检测场景中出现的目标，并进行目标识别和分类，最后根据识别结果采取清理漂浮物的措施。

（2）排污口识别。

可按巡检需求指定巡检周期，对辖区内的排污口进行识别，如发现新增排污口，可以记录位置，并派人到现场核查。并通过红外能力，可以检测到非法排污情况并做记录。

（3）违章建筑识别。

远端巡检人员可以通过自动机场，远程使用无人机携带高清摄像云台，对巡检范围进行定点巡检。同时后期还可以基于巡检图像进行智能开发，无人机巡检中拍摄的巡检视频经过智能图像识别，巡检系统可以自动识别违章建筑，并报警。

违建检测的基本原理就是沿河道按照一定的标准设定一个固定的巡航路线，在固定的位置上以垂直向下的角度拍摄照片，然后对比两次照片的差异，发现实质性的地表变化。

（4）非法捕鱼检测。

远端巡检人员可以通过自动机场，远程使用无人机携带高清摄像云台，对巡检范围进行定点巡检。同时后期还可以基于巡检图像进行智能开发，无人机巡检中拍摄的巡检视频经过智能图像识别，巡检系统可以自动识别非法捕鱼行为，并报警，同时通过携带的喊话器向非法钓鱼、捕鱼者发出语音警告。

钓鱼、捕鱼监测是对河道周边的水面及红线区域内的土地进行巡查，及时发现是否存在入侵人员进行钓鱼、捕鱼或其他异常行为。自动识别相机拍摄到非法钓鱼、捕鱼者，会发出语音警告和向管理人员发送提示信息。

无人机搭载可见光相机可以支持实时回传高清视频，支持机载高清视频录制和照片拍摄。无人机回到机场后机载文件可以通过 FTP 模式上传至远端数据库。

8.3 总体架构设计

云端控制系统涵盖软硬件综合系统平台,用于控制无人机的巡检行为和对无人机巡检过程中发回的数据进行处理。运用自主机器人、AI飞行等核心技术,自动机场负责无人机的存储、回收、电池更换、控制;无人机自主决策航迹、姿态、拍摄参数,获取高质量巡检数据。

8.3.1 系统架构

云端控制系统支持智能全系列的无人机自动机场、移动机场、固定基站、便携式综控箱及配套无人机、气象杆等设备接入,支持通过有线宽带、4G/5G无线网络方式进行数据传输,支持无人机数据实时传输至云平台(图8.1)。

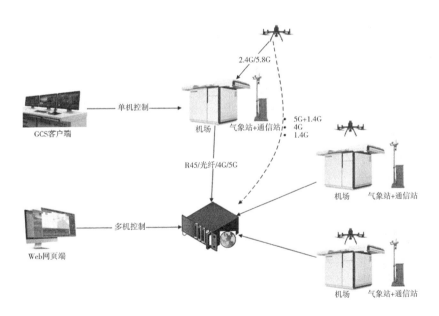

图 8.1 总体架构图

8.3.2 建设规划

1. 无人机自动机场(表8.1)

无人机自动机场是协助无人机全流程作业的地面自动化设施,可以取代人工操作干预,极大提高无人机的全自动作业能力。

表 8.1　无人机机场技术参数

开合方式	双开门
外形尺寸	1.65 m(L)×1.65 m(W)×1.65 m(H)（舱门关闭） 3.00 m(L)×1.65 m(W)×1.67 m(H)（舱门打开）
重量	1 250 kg
作业方式	自动换电/自动充电
作业间隔时间	3 min
电池组容量	标配 2 组,可扩展至 4 组
使用环境	−20℃～50℃
输入电压	AC 200～240 V
输入接口	3 芯国标电源接口
通信方式	宽带/光纤/4G/5G
防护等级	IP54
支持功能	环境监测、夜间降落
无故障运行时间	2 000 次/5 000 h
箱体材料	铝合金/不锈钢
适配机型	DJI M300 RTK
机械重复定位精度	±0.1 mm
断电保护	UPS
断电续航时间	≥30 min
机场最大功率	2 300 W
机场待机功率	500 W
工业空调功率	制冷量 2 000 W,功耗 875 W
最大充电功率	940 W
支持电池数量	标配 2 组,可升级至 4 组
支持电池同时充电数量	TB60×2
无人机精准降落辅助	视觉降落/RTK

无人机自动机场可以部署在特定区域。无人机存放于自动机场内,当有飞行需求时自主从机场起飞,完成任务后自动降落于自动机场内。在自动机场中,无人机可进行自动充电或自动更换电池,为下一次任务做好准备。有了自动机场为依托,无人机就可以在无人干预的情况下自行起飞和降落、更换电池等,实现全自动化作业。

自动机场负责无人机的存储、更换电池以及地空通信,可以实现对无人机的自动回收、能源补给,方便无人机在无人值守的情况下自行完成日常巡检、三维测绘、精细化巡检等各项作业,是实现无人机全自动连续电力巡检作业运行的关键。自动机场配有气象杆能够根据实际天气状况判断是否能够执行任务。自动机场箱体由铝合金及钢结构打造而成,能防火、防水、防雷、防盗,可以达到 IP54 的防护等级。

自动机场运行模式:自动模式、手动模式。

①自动模式。

自动模式是无人机自动安装电池起飞、自动回收降落(图 8.2)。

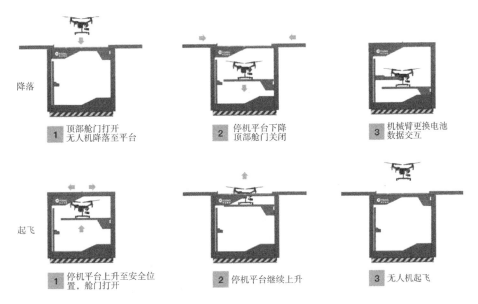

图 8.2　无人机停机平台继续上升飞行演示

②手动模式。

手动模式是飞手手动操控无人机起飞、降落,选择飞行轨迹。

2. 多旋翼 RTK 版无人机

系统中选配 DJI M300 RTK 版无人机,搭配自主研发的机载 AI 飞行大脑,可实现精准降落和多项 AI 飞行功能。同时对无人机机体进行改造升级以适配自动机场。自动飞行支持禅思 H20 系列、23 倍混合变焦云台,手动遥控飞行支持五镜头倾斜摄影相机、多光谱相机、PSDK 抛投器等多种模块挂载平台,满足多种场景巡检、巡逻需求。

• 超长续航：超轻紧凑机架，配合高效盘式电机，续航最长时间为 55 min。

• 携带方便：机臂折叠式设计，配合定制背包或设备箱，携带方便。

• 挂载灵活：SDK 适配挂载模块，具有丰富的拓展性。

• 参数配置（M300 RTK 版）见表 8.2。

表 8.2　无人机技术参数

最大起飞重量	9 kg
最大载重	2.7 kg
空载续航	55 min
尺寸	810 mm×670 mm×430 mm
载荷	H20 系列/喊话/激光/照明等多镜头选择
工作温度	−20℃～50℃
最高海拔	7 000 m（高原桨）
抗风等级	7 级（15 m/s）
IP 防护等级	IP45
最大图传距离	8 km
最大水平飞行速度	82.8 km/h

3. 机载 AI 飞行大脑（图 8.3）

机载 AI 模块，通过核心算法，实现无人机自动起飞、降落与自动巡检、巡逻。

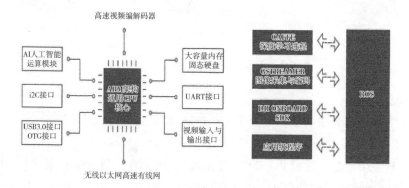

图 8.3　飞行大脑拓扑图

AI 自动控制盒能对特征目标进行精确定位，可以实时控制云台对目标进行跟踪拍摄，并通过图像识别精准拍摄目标对象。

4. 地面控制系统

地面控制系统是无人机自动机场以及无人机的管理平台,可以实现对无人机自动机场或无人机的远程控制,同时也是数据智能运营平台。

控制系统部署在客户本地或者云端,用户可随时登录并控制设备。平台可针对不同应用场景制定巡飞任务,对业务场景需要的不同飞行方式和采集方式,用户通过控制系统下达任务,调配指挥无人机等连续飞行作业,并获取实时视频数据。

(1)远端实时控制。

通过无线电网络/4G/5G实现无人机换/充电、无人机起降、飞行轨迹、云台角度等远端实时控制,不受距离和地域限制。

(2)多样化任务自动设定。

针对多任务、复杂场景,可设定航迹、航点、角度、巡检目标等巡飞信息和飞行巡检路线,还可以制订计划,安排自动机场和无人机定时执行巡检任务。

(3)自动/手动切换。

无人机控制模式配备一键切换功能,可实现在任务巡检时因突发情况,临时切换为手动控制无人机和相机云台,并可以随时切换回自动飞行任务。

(4)实时监控。

可以实时监控机场外部和内部,监测机场当地的气象环境信息,实现远程实时视频显示、智能 AI 功能展示。

5. 无人机与自动机场运营云管控平台

云端控制系统是针对无人机自动机场、无人机及配套设备设施的管理平台系统。平台具备多机场、多无人机实时远程监控的管理能力,可实现无人机任务预约、视频实时显示、远程遥控、设备管理、飞行记录、飞行回放等功能,平台以较好的可操作性和较强的功能性满足客户的应用软件需求为目的,由专业的研发团队进行设计、研发及迭代工作。

8.3.3　安全策略

无人机系统集成了多种安全机制,包括失联返航、低电量返航、禁飞区信息、避障功能、紧急刹车等。同时,通过地面站软件还可以设置返航高度、电子围栏区域等。

1. 失效备降

机场在安装时，会在机场附近 50 m 范围内选定一个备降场地，并录入机场基本参数。如果无人机在飞行作业中，机场出现故障，无法完成机场舱门打开，或者因为机场图像失锁、机场顶部被异常遮挡、机场控制失效等导致无人机无法降落的情况，无人机将启动备降机制。无人机飞控系统控制无人机选择在备降点降落，保障在机场失效情况下无人机的安全，后期无人机由运维人员进行回收。

2. 失联返航

如果通过地面站软件对无人机进行远程操控，可以在地面站软件上设置地面控制信号丢失时的飞行机制：切换到地面站控制或直接返航。在失联返航过程中，如果再次收到地面的控制信号，则可以继续对无人机进行控制。

如果通过地面站对无人机进行控制，当控制信号丢失后，无人机可直接返航。在返航过程中，如果再次收到控制信号，无人机立即空中悬停，等待地面站派发命令。

3. 低电量保护

无人机系统具有低电量保护功能，系统可根据无人机电池的电量实现三级低电量保护提示。

（1）无人机电池电量低于二级报警阈值后，飞行器自动执行返回机场操作。

（2）无人机电池电量低于一级报警阈值后，无人机自动原地降落。

4. 禁飞区

无人机飞控系统中内置了禁飞区信息，如全国各大机场周边等。同时也可手动设置禁飞区，将一些特定区域设置为禁飞区，防止误操作将无人机飞往禁止飞行的区域。

当无人机飞到禁飞区边缘时，会立即空中悬停，无法进入禁飞区。当通过地面站软件设置定点飞行或航迹规划时，也无法把航点设置到禁飞区里面。

5. 自动悬停

无人机系统增加自动悬停设计，紧急时刻只需切换到手动控制或者点击暂停按钮，无人机将停止运动，并悬停在当前位置，避免操作人员由于慌乱出现错误操作，大大增加了无人机飞行的安全性。

6. 设置返航高度

在地面站软件中可以设置无人机的最低返航高度，当无人机执行返航动作时(包括一键返航、失联返航和低电量返航),首先判断当前的飞行高度是否高于最低返航高度,如果不满足最低返航高度要求,则上升到此高度后再进行返航,确保返航过程的安全性。

8.4　模块功能设计

平台软件以无人机自动机场及配套无人机、气象杆等设备的静态信息录入、设备匹配、航线规划、任务管理、实时操作及数据分析为业务闭环,满足产品全生命周期的运营管理与控制。

8.4.1　首页

平台首页展示了系统部署的无人机机场和无人机状态。

系统模块分为飞行管理、规划管理、视频管理、统计分析、设备管理及用户管理六大功能模块。

8.4.2　飞行管理模块

飞行管理模块展现用户所拥有的无人机自动机场和飞机详情,可展示无人机实时信号、电量、飞行姿态数据,以及机场周边风速、温湿度、雨量等状态(图 8.4)。

图 8.4　飞行界面

可对无人机任务、机场进行远程操作,一键开始任务、结束任务,在飞行过程中可以切换手动或自动模式,以及机场异常情况下进行机场急停操作等。

可对无人机自动机场设备进行控制,包括机场飞行准备、机场复位、设置无人机视角界面信息、开启/关闭 RTK 基站、显示 RTK 信息、标定机场坐标和紧急点坐标等。

可实时操控无人机飞行和控制云台相机,包括无人机飞行方向、飞行速度,以及相机角度、焦距、拍照和录像动作等。

根据不同行业飞行任务情况,进行飞行动作操作:

a. 可切换红外/可见光/画中画、开启/关闭夜景模式。

b. 可开启/关闭机臂灯。

c. 可开启/关闭红外测温。

d. 可进行激光测距。

e. 可开启/关闭探照灯(搭载探照灯)。

f. 可开启/关闭喊话器(搭载喊话器)。

g. 可切换 4G/遥控器通信。

在异常情况下,可远程控制机场设备进行排查和恢复,可重置无人机、遥控器、MSDK 设备、录像机、OSDK 接口、视频推流等。

支持在低电量返航后的断点续飞功能。

支持移动产品的异地降落功能。

8.4.3 规划管理模块

规划管理模块主要提供航线规划功能,支持在线航线编辑及 KML 格式文件导入。支持手动添加航点,显示航线高度曲线。

可设置各种航点动作,如拍照、录像、云台角度、焦距、悬停及模式巡检等。

可根据航线智能预测航行里程及时间。

可设置预约飞行任务(图 8.5)。

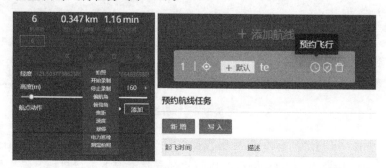

图 8.5　航点动作设置任务预约

1. 航线规划

打开并连接 GCS 地面站软件,根据巡检内容、巡检路线规划航线任务。航线规划如图 8.6 所示。

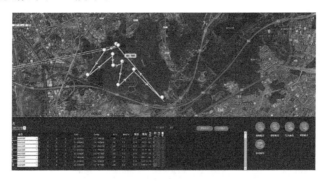

图 8.6　航线规划

实际作业飞行规划以现场考察为主。

2. 航线飞行

GCS 地面站软件切换至飞行数据页面,点击航线飞行,飞机将按照刚刚写入的航线执行飞行任务。

飞机起飞以后,从页面上可以看到第一视角实时回传的视频,正常航线飞行时,可以点击开启云台按钮,通过摇杆控制云台。

3. 紧急任务巡检

无人机直接飞至紧急任务点,拍照或录像取证,并及时通知周边巡逻人员进行处理。

实际作业飞行规划以现场考察为主。

4. 飞行巡检流程安排(图 8.7)

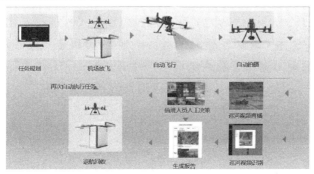

图 8.7　基于自动机场的无人机水利巡检作业流程图

8.4.4　视频管理模块

视频管理模块主要用于无人机自动机场、无人机云台的远程实时视频画面监控。

可设置单画面、多画面(支持 4/6/12 画面同时显示)及全屏显示。

可根据历史日期、时间进行视频回放。

8.4.5　统计分析模块

统计分析模块主要针对无人机业务的执行情况进行统计分析,提供总计飞行时间、里程、换电次数,机场运行时间、数量等各维度信息。

提供飞行记录查询,以及单次飞行详情和飞行回放。

8.4.6　设备管理模块

设备管理模块用于管理机场和无人机,可进行设备新增、查询、修改、删除、机场与无人机绑定或解绑操作以及机场与机构的绑定或解绑操作。

8.4.7　用户管理模块

用户管理模块提供机构、用户的基础信息维护与管理功能,可编辑控制用户权限属性及查看机构下属用户的操作日志等。

8.5　系统部署

自动机场系统的部署包括自动机场、通信站/气象站、远程控制中心的布置和施工。

固定自动机场和通信站的平台必须按照设计尺寸进行基础定位。平台基础的浇注应采用 C20 以上规格的混凝土砂浆,混凝土浇筑必须密实,禁止有空鼓情况出现。浇筑后的基础厚度应大于 20 cm,且必须要高于地平面 10 cm。混凝土浇筑须养护 7 天以上,以确保混凝土能达到一定的安装强度。施工时间紧迫时,可加入水泥凝固剂。

(1)自动机场部署平台。

机场可部署在地面、屋顶等处,需满足如下要求:

① 提供占地为 1.8 m×1.8 m 的平台地基基础。

② 3.6 m×1.8 m 的空旷区域(自动机场舱门打开后需占用的空间)。

③ 提供 220 V/16 A 交流电,并有接地装置。

④ 20 Mbps 以上有线网络,带宽要求上下行对等(推荐)。

⑤ 机场安装位置周围要开阔,无建筑物遮挡,避开运营商基站、避开高压电线杆塔、避开户外不锈钢水箱及从顶部看有反光的物体。

⑥ 机场安装位置 10 m 内上空无遮挡物、无高建筑物。

⑦ 部署区域应满足相关禁飞区域要求。

⑧ 地面施工地基平台以备部署自动机场。

按照《自动机场底部平面设计图》的尺寸,设计、施工一个方形混凝土平台(长×宽:1.8 m×1.8m,高度≥20cm),并做地平处理。施工时,预埋电缆和光纤(或网线),平台中间开孔穿入直径为 10 cm 的 PVC 管,管中穿入电缆、光纤(或网线)(图 8.8、图 8.9)。

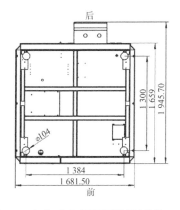 

图 8.8　机场底部平面设计图(单位:mm)　　**图 8.9　自动机场平台**

自动机场可直接放置在此平台上,如需加强防盗,可使用螺栓将自动机场的地脚与地面连接,并焊死。

(2) 通信站/气象站部署平台。

通信站/气象站架设在机场周边,距离自动机场 3~10 m,或者部署于高处以减少信号遮挡。提供 1 m×1 m 的地基基础,气象站位置设在机场位置北侧。

按照《自动机场气象站底部平面设计图》的尺寸,设计、施工一个方形混凝土平台,检查基础位置地下是否有上下水、煤气、供暖等管道,以及电力、通信、光纤等线路。如有,应尽量避开;如无法避开,需与相关部门协商解决。

测量该基础位置处的可施工尺寸,以确保能够满足基础尺寸的最低要求(长×宽:1 m×1 m,高度≥20 cm),并做地平处理。如无法满足,应改变位置或按等体积原则改变水平尺寸等方法解决。

检查钢筋地笼是否符合立杆标准,地笼主筋粗细、间距、所围圆的直径大小要与相应杆底座法兰盘固定孔位置一致。

两个平台之间穿入直径大于 10 cm 的 PVC 管,部署时穿入电缆、光纤或网线。气象站与自动机场之间的距离如小于 70 m 可以使用 6 类网线连接,如大于 70 m 需使用光纤进行连接。特殊情况需具备独立网络端口(图 8.10、图 8.11)。

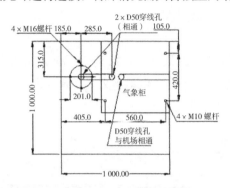

图 8.10　气象站平台(单位:mm)

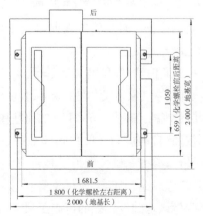

图 8.11　气象站实物

(3) 平台加固措施。

① 楼顶防风加固。

鉴于部分地区存在极端风力的情况,进行楼顶安装时,混凝土平台尺寸应做到 2.1 m×2.1 m,以方便加固。同时,平台中间留出 1 m×1 m 的空隙以减重。自动机场的 4 个角用化学螺栓将固定件与底部平台连接,达到防风的效果。气象杆正常安装后使用铁丝进行防风加固(图 8.12~图 8.14)。

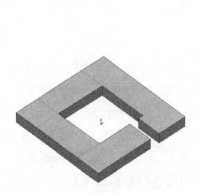

图 8.12　加固型平台示意图

图 8.13　加固型固定件示意图(单位:mm)

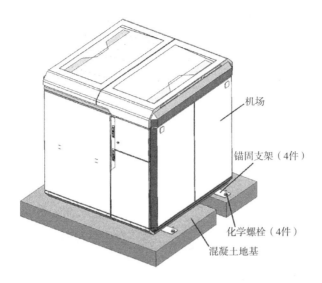

图 8.14　防风加固示意图

② 防盗护栏。

如需提升防盗能力,建议机场平台尺寸做到 3 m×6 m,周围架设一圈护栏,护栏不高于 1.8 m,其上开设一个门,上锁防盗。自动机场和气象站均安装在护栏内(图 8.15)。

图 8.15　防盗护栏效果

（4）网络连接。

指挥中心至自动机场之间需架设网络进行通信，可采用光纤、网线、电信专线进行连接。如配置 4G/5G 功能，可通过无线通信网络进行连接。

8.6 成果展示

系统于 2021 年 12 月测试运行，测试飞行时间 109.35 min，飞行里程 27.569 km，飞行架次 14 次。测试状态稳定，飞机飞行状态良好（图 8.16～图 8.19）。

图 8.16　无人机飞行规划

图 8.17　无人机飞行参数

图 8.18　无人机起飞

图 8.19　无人机巡查识别

第九章
总结与展望

9.1 总结

江苏省河湖水网密布,河湖水域面积占全省面积的 16.9%,得天独厚的江河湖库资源和数量众多的水利工程,是我省经济社会发展的重要基础性支撑。河湖及水利工程管理范围和安全警戒区划定,既是实现河湖和水利工程空间用途管制和依法管理的重要抓手,也是确保河湖和水利工程防洪安全、供水安全、生态安全,推动打赢打好碧水保卫战、河湖保护战的重要保障,更是维护河湖生态健康和永续利用的重要举措。

我省骨干河湖库和水利工程管理范围划定工作已全面完成,省属水利工程在此基础上开展了工程安全警戒区的划定工作,依法强化水利工程各项水事活动管理,进一步明确了水管单位的管理权和执法权。

目前,按照水利部将划定工作向国普河道、农村河道、灌区工程和在册小型水库延伸的部署要求,全力推动新一轮划界工作;要协同水流产权登记,主动对接自然资源部门,优先实施以水流为单元的自然资源确权登记,明确河湖管理保护范围线作为登记单元的空间边界,强化河湖用途管制要求的刚性约束;要推进成果综合应用,聚焦空间开发强度和控制线落地,将河湖生态保护和空间管控要求纳入"多规合一"规划管控体系中;要推动空间严管严控,将管理范围线作为河湖保护规划、水域岸线利用规划的要素,作为河湖岸线利用遥感监测的界限,作为河湖"两违三乱""清四乱"专项整治的边界,切实加强河湖依法管理、严格保护和合理利用。

我省创造的"部门协同化、技术标准化、流程规范化、成果数字化、互联共享化"的江苏河湖和水利工程管理范围划定工作"五化模式"得到了水利部的充分肯定并在全国推广。

9.2　展望

加强河湖和水利工程管理范围及安全警戒区常态化管理,健全范围明确、权属清晰、责任落实、管理高效的水利工程管理与保护机制,从责任体系、队伍建设、执法能力等方面努力构建依法治水、保障有力的水利保障体系。

(1)深化行政执法体制改革。探索推进流域综合执法,优化行政执法职能配置,健全流域与区域、水行政主管部门与其他部门相结合的联合执法机制。推进水行政综合执法,坚持"一支队伍对外",明确各级水政监察队伍集中行使行政处罚、行政强制等职能。建立内部信息通报、案情会商、联合调查、案件督办等制度。落实"两法"衔接机制,健全水行政主管部门与司法机关信息共享、案情通报、案件移送制度。

(2)加大重点水域执法力度。严格落实水行政执法巡查制度,加强安全警戒区等管理范围水域执法巡查,实现水行政执法触角前移,提升执法成效。提高机制运行效能,推进水政监察队伍、水行政执法基地标准化建设,强化水行政执法能力"五化建设"。坚持河湖"清四乱"常态化、规范化,按期整改销号,及时查处新产生的"四乱"问题。扎实开展河湖禁采、防汛清障、取水管理、水文监测设施及环境保护等专项执法行动,保持对涉水违法行为的高压严打态势。

(3)完善水行政执法程序。贯彻《中华人民共和国行政处罚法》,全面落实行政执法公示、执法全过程记录、重大执法决定法制审核制度。严格执法流程标准、文书标准、用语标准,建立重大行政执法决定法制审核标准。完善行政执法文书送达制度。全面落实行政裁量权基准制度,细化量化裁量范围、种类、幅度等并对外公布。完善行政执法程序规范。全面落实告知制度,依法保障行政相对人陈述、申辩、提出听证申请等权利。

(4)创新行政执法方式。坚持处罚与教育相结合,制定首违轻微免罚清单,注重通过批评教育、指导约谈、责令改正等方式予以纠正,让执法既有力度又有温度。建立案例指导制度,总结提炼典型案例,推动以案释法常态化。工作重心向执法办案主职主业聚焦,向各类水事违法案件宣战,进一步扩大水行政执法社会影响,树立水法律法规权威。

（5）加快推进信息化平台建设。建立完善水行政执法及河湖采砂管理信息系统，建立基于卫星遥感遥测、无人机和视频监控"三位一体"的水行政执法动态监控、快速预警系统，探索远程监管、移动监管等技术应用，推行水行政执法 APP 掌上执法。提升水行政执法效能及管理水平。